U0200084

天生我材必有用

——俏色印章艺术

茅子芳 著

學苑出版社

图书在版编目（CIP）数据

天生我材必有用 ：俏色印章艺术 / 茅子芳著 . —北京 ：
学苑出版社，2016.3
ISBN 978-7-5077-4972-4

Ⅰ . ①天… Ⅱ . ①茅… Ⅲ . ①印章－手工艺品－制作
Ⅳ . ① TS951.3

中国版本图书馆 CIP 数据核字 (2016) 第 044527 号

出 版 人：孟　白
责任编辑：潘占伟
装帧设计：徐道会
出版发行：学苑出版社
社　　址：北京市丰台区南方庄 2 号院 1 号楼
邮政编码：100079
网　　址：www.book001.com
电子信箱：xueyuanpress@163.com
联系电话：010-67601101（销售部） 67603091（总编室）
经　　销：新华书店
印 刷 厂：北京信彩瑞禾印刷厂
开本尺寸：710 × 1000　1/16
印　　张：13.75
字　　数：160 千字
版　　次：2016 年 3 月第 1 版
印　　次：2016 年 3 月第 1 次印刷
定　　价：68.00 元

目 录

十、作品解读 /35

序一

李俊玲

在非物质文化遗产工作中，我有幸认识了一位工美行里的“怪人”——茅子芳。之所以说他是个“怪人”，还得从我第一次到他家所看到的说起。那年，为了拍摄申报资料，我来到了茅子芳家，在一间居住、工作、会客集合在一起的陋室里，最显眼的莫过于那个极普通书柜里的书籍，出于职业习惯，我用最快的速度浏览了里面的书，其中大部分空间都被历史书籍占据，这让我对这位工艺美术大师有些刮目相看，心生一句：“不简单啊！”而接下来茅子芳给我们展示的多年创作的作品，更让我大开眼界，在不起眼的深色釉瓷盘子上，他以素描的手法錾刻出一幅幅形象生动的画作；在别人眼里是废料的石头，他用心琢磨，用丰富的书中所得赋予其艺术美，创作出一个个包含故事的印章。再看看他多年写下的各类文章，表现出极其鲜明的个人观点，在我看来，这些观点既表述了个人对某些事物、问题的看法，也是后人学艺、做事的铭言。由此我给这位老先生总结出了“四怪”发在我的博客上。

一怪：工美艺人的家里堆满了历史书籍。

二怪：能在别人不用的“废料”上刻出花来。

三怪：作品再好也不参加各种评比。

四怪：能让不起眼的瓷盘子变成艺术品，这叫刻瓷艺术。

后来，我与茅子芳的接触多起来，我觉得他虽年逾古稀，但对艺术的追求不减，凭着他在北京工艺美术学校打下的坚实美术功底，在瓷、石、木、葫芦等不同的材料上施艺，创作出了一件件令人意想不到的艺术作品。而我最觉有“味儿”的，要数那些印章了。要说这些作品的材质，真不算上乘，充其量也就是一堆废料，但这些料到了茅子芳手里，便有了生命，有了内容，茅子芳有句话说得好：“只有废物人，没有废物料。”在他眼里，人与料能遇到一块儿是一种“缘”，人相料的同时，料也在相人，对施艺者而言，也可算得上是一场考试，只要人与料对上话了，一件艺术品也就成功了一半。我以为，茅子芳与各种材料对话的过程，不仅是艺术创作的过程，也是他从书中获得的知识重组的过程。一块从废料堆里淘出的石头，经过巧雕、俏雕，竟变成一件艺术品，它不仅给人们留下了美的享受，更让人从中品出了其中的意味，有历史的、有文学的、有意境的，而且每一件印章的创作过程，都有一段创作背后的故事。

如今，茅子芳将每一块印章的创作经历记录下来，编辑成《天生我材必有用》一书。在外行人看来，此书是每一件作品的创作解读，有助于对其理解和欣赏。而对内行人来说则是一部艺术创作的教科书，从相料、创作意图，到如何将历史、文学融入其中，是艺术创作的重要参考。

正所谓开卷有益，读罢此书，受益匪浅。

序二

李 问

“天生我材必有用”，这是诗人李白的名句，世代相传。本书作者用此题目，有出于对人的鼓励，更多的是对玉石天然之美的赞誉。

古往今来，喜欢玉石的人之所以一如既往，是因为看到了玉石也具备了人类所向往的所有美好的品性，温文、宁静、含蓄、纯净、坚贞和正气。“君子比德于玉”，修身如玉真君子。中国人把玉看作民族之魂，国人具有一种“宁为玉碎，不为瓦全”的精神，在这个世界上维持着自己的尊严。

作者写这本书是想告诉读者玉石中没有废料，是想教会人们练就一双可以发现美的眼睛。

茅子芳 1962 年毕业于北京市工艺美术学校，高级工艺美术师，北京市一级工艺美术大师。

茅子芳是一位玉雕大师，他设计的新中国第一座大型玉雕《韶山》，是新中国成立后玉石山子雕刻品种中的开山力作，在工艺美术界有着深远的影响。

2013 年 5 月茅子芳雕刻艺术展在首都图书馆第二展厅举行。玉石印章的展览是其中的一个门类。

本书中介绍了如何相玉，如何问石，如何点石成金。在发现玉石的珍贵之处的同时，也能看到自己本身的闪光点和正能量。在阅读中，读者会认识一位大家。

他很多产，门类多。凭借娴熟的造型能力，在玉雕、石雕、木雕、竹雕、葫芦雕等领域都有涉及。他的作品常见于展览会、电影、电视剧。凡可雕可塑的一应材料，信手拈来，赋予艺术生命，各个栩栩如生。多项艺术成果交相辉映，形成他自己的风格。

他很多产，作品多。尤其人物肖像多，他用写实手法在瓷面上錾刻人物肖像，如伊丽莎白女王像、希拉克像、中曾根像等几十件艺术品被当作国礼赠送。他用国画手法在大大小小的瓷瓶上錾刻山水、书法、人物，或隆重，或精致，被国内外人士争相收藏。

他很多产，著作多。几乎每月都在《知识就是力量》杂志上发表文章；《工艺美术家》、《北京工艺美术》、《北京文博》等报刊上载有茅子芳论文80多篇，共计28万字。他独到的观点，引起业内外关注。

他很多产，学生多。他曾经是一位工艺美术教师，离开讲台以后，他依然对自己是学而不厌，对人家是诲人不倦。他在首都图书馆等单位讲课；在玉文化研讨会上作主题发言；社区免费传艺班上也有他作为志愿者的身影。他说："愿作明师，坚信明师出高徒，祝愿徒弟比我强，一代更比一代强。"茅子芳的学生们成就突出，有的被评为国家级工艺美术大师，有的被评为北京市级的工艺美术大师，工艺师、技师更是数不胜数，可谓桃李满天下。

他既是一位画家，又是一位雕塑家、一位工艺美术理论家、一位业余作家、一位瓷刻家，也是一位金石篆刻家。

在他的文字中，读者可见当代工艺美术工作者的治学精神、勤奋态度。今天，茅子芳先生把俏色印章艺术写成书，是对玉石印章这枝艺术奇葩的描述。

这一本《天生我材必有用》值得推荐。

前 言

印章是中国传统文化艺术的一个重要组成部分，它以实用为目的开始，逐渐发展成为集实用与观赏、收藏为一体的艺术品。

印章的内容非常丰富，涉及社会的诸多方面，但其主要的功能是作为身份的凭证、信用的凭据和政府行使权力的证据。

使用者上到国家最高统治者皇帝、各级政府及官员，下到平民百姓。

印章的使用在我国大约有三千多年的历史，起源于商代。从考古发掘来看，最早于河南安阳殷墟出土了三枚铜玺，由于上面的文字目前尚无法解读，因此在学术界还有争论。

先秦时代，不论官府与私人使用的印章，统称为“玺”，学术界称之为“古玺”。直到秦始皇统一中国之后，他把“玺”字归于皇帝印章专用，其他人不论官还是民只能叫“印”，以后历朝历代沿用。

在社会生活中，古玺是人与人之间交往过程中的一种凭证和信物，特别是官府行使权力的象征。到了春秋战国时代，不论是政治经济还是学术思想等各个方面都处于急剧变革的时期，在这种大的社会背景下，国与国之间的交往、私人之间的交往都离不开印章的使用。比如，准许经商、货物的出入等都需要凭“玺节”，这在古文献中都有记载。《周礼·地官》中载："货贿用玺节。"郑玄注："玺节者，今之印章也。""辨其物之美恶与其数量揭而玺之"，"凡通货以玺节出入之"……也就是凡是货物，不论是质量还是数量都要经过检验，并且盖上印章才能在市场上流通。

各级政府官员行使职权时更要"官凭印"，没了印就等于没了官。《韩非子》中就有以治邺而闻名的西门豹"纳玺辞官"的记载。在百姓中嘲谑那些马马虎虎、丢三落四的人时，常说"他做官能把印丢了"。可见"官"与"印"是分不开的。

民间百姓用的印叫"私玺"，这在考古发掘的实物中多有发现。

经历了秦汉、三国、两晋、南北朝、隋唐五代这一千二百多年的时间，印章一直在实用中发展，在中国印章史上处于在低谷中平稳发展阶段，在民间的私印中又出现了以隶书、楷书为书体更加实用的印章。宋以后，又有一种将个人的姓名变化为一种符号，让别人难以辨认又不易模仿的印章叫"花押"。因为这种花押印在元代非常流行，所以又叫"元押"。

随着中国书法、绘画艺术的高度发展，宋代以后印章又发展出一个新的支流，即艺术印章的出现。艺术印章是相对实用印章而言，也就是说，以前不论是"玺"还是"印"，首先是为了实用，艺术目的次之。除了印面上刻的文字内容之外，包括印钮，一切都是为了实用。印钮的作用一是为了手拿盖印时方便，二是印钮上有孔便于拴绳佩带，三是官印上的印钮还有区别官阶之用。而艺术印章则是以艺术目的为先，实用次之，它属于文人艺术的范畴。印与诗书画一体，成为一种艺术形式。特别是元代以后，以叶蜡石为主的印章材料开始使用，用刻刀治印的方法在文人当中发展起来，形成了"以刀代笔"以金文、小篆、缪（móu）篆为字体治印的"篆刻艺术"，它使书法、绘画、雕刻在这寸方之地、三维空间中发展起来，使印章（包括印钮、章身上的浮雕等装饰，以及印文、边款等）成为一件艺术品，完全与以实用为目的公章私印不同。

艺术印章的形成与发展，是文人主动参与艺术创作的结果，其中有很多人都是集诗词、书法、绘画于一身的大家。从宋代的苏轼、黄庭坚、米芾开始，到元代的赵孟頫、王冕、吾丘衍等大家都是艺术印章的开创者。

明清两代，艺术印章进入了高峰期，出现了更多的篆刻大家和流派，如明代文彭的吴门派，何震的新安派又称黄山派、徽派，苏宣的泗水派等。

清代的艺术印章基本分为两大派系，即以程邃、邓石如为代表的“皖派”，以丁敬、奚冈、蒋仁、黄易为代表的“浙派”（又称“西泠四家”）。以后又陆续出现了吴攘之、徐三庚、赵之谦、黄士陵、吴昌硕、齐白石、邓散木等印坛大师，使中国艺术印章进入繁荣鼎盛时期。

伴随艺术印章的发展和以叶蜡石为主要印章材料的大量使用，使得印章装饰雕刻艺术也兴旺起来。人们在注重印面文字篆刻水平的同时，也十分重视印材质量以及装饰雕刻水平，一枚好的印章，不但要求印面篆刻水平和边款水平高，同时还要求石料名贵以及印钮或章身上的浮雕（俗称薄意）雕刻艺术水平高。

这时期的印钮完全脱离了古代印钮的实用价值，因为古代印章章体矮扁，没有钮很难使用，而石章章体大多较长，无钮也能使用，所以印钮完全成为观赏装饰。很多篆刻大家也是雕钮的高手。

印章的大量使用，使得印章材料需求量增大并且走向商品化、市场化，石材产地把矿中挖出的原石就地加工成印章材料，有的再雕钮出售。这样使印章艺术的发展又渐渐出现了新的分支，即章面上的篆刻与章体上的边款和书法、绘画作品合为一体，被视作艺术品，由文人创作；章

料的加工与雕钮、浮雕等装饰被视为工艺品，成为匠人干的活儿。

其实就章体而言，它是篆刻艺术的载体，也是篆刻者、使用者和观赏者首先接触到的，一枚构思巧妙、造型优美、雕工精良的印章本身就是一件艺术品。判断其价值的标准并不在于出自文人之手还是出自匠人之手，关键是艺术性与品位的高低。

本人从事艺术印章创作四十余年，在创作实践中体会到，艺术印章的创作和其他艺术形式的创作一样，不光是技法问题，技法不过是表现手段，材料是载体，表现的是艺术内容，作品反映出的是作者的综合素质、艺术修养。要想创作出高水平的艺术印章，功夫要在印章之外，要练好“功外之功”。搞艺术印章创作不光是雕刻技术高低与熟练程度，更需要的是“学问”。头脑中各方面的知识丰富了，才能创作出内容丰富、艺术性高的作品来。具体地说，要有深厚的文学底蕴、历史知识、艺术修养，扎实的绘画、造型功底以及熟练的雕刻技术。这些方面具备了才能出好作品。

多年来，本人着重于俏色印章的创作设计。在这本小书中，主要是结合一些具体作品谈谈俏色印章创作过程中的用料、设计思路和一些感受。古人云“事迹易见，理亦难寻”。在总结过去几十年创作经验的同时，作一些理论上的探讨，以提高对俏色印章创作的理性认识。

一 印章材料

印章材料是指用于铸造、凿錾、琢磨、篆刻印文、制做章体的一切材质，它是印文的载体。包括金、铜、铁、玉、象牙、牛角、木、骨、石、陶瓷等材料。现代又出现了钢、橡胶、塑料、有机玻璃等材料。

古代的印玺多以青铜、金为材料铸造而成，包括章体、印钮和印文。

玉印是用铁砣加解玉砂琢磨而成，印文亦是如此雕琢而成。其他的印材，如象牙、牛角、木、石、骨、橡胶、塑料、有机玻璃等都可用刀刻。

自艺术印章开创之后，石质印章的使用，花乳石、冻石、特别是叶蜡石被大量派上用场。由于它们软硬适中，便于运刀，颇受篆刻家、文人雅士的青睐，不论是篆刻印文还是雕刻印钮、浮雕等装饰，都比其他印材效果更佳。

叶蜡石，其化学成分为 AL_2 $[Si_4O_{10}]$ $(OH)_2$，单斜晶系，通常呈致密块状、片状或放射状集合体。硬度为莫氏 1−2。比重 2.66−2.90。主要产于火山岩中的交代矿床中，由于夹含多种金属元素，所以呈现出多种颜色，有玻璃光泽和油脂感。我国产的叶蜡石为主要组成致密性石料，色泽绚丽多彩，柔和，适用于雕刻，更是印章制作的最佳用料。

叶蜡石是矿物学上的名字。我国以产地命名的著名叶蜡石有产于福建的寿山石、产于浙江的青田石和昌化石、产于内蒙古的巴林石。

（一）寿山石

产于福建省福州市北郊的寿山乡，早在南朝时期就有开采使用，至今已有一千五百年的历史。元、明以来深受篆刻家、文人雅士的赏识，至清朝初期，寿山石印章的使用已进入鼎盛时期，不论是朝廷官府还是民间都大量使用。寿山石分为“田坑”、“水坑”、“山坑”三大类，按其产地、洞别及颜色而定名，约有百余种。

1. 田坑料：产于上坂田、中坂田、下坂田三地。其中产于中坂田的田黄冻、田黄石极为名贵，称之为“石中之帝”，民间有“一两田黄十两金”之说。还有田黄石外裹白色层的“银裹金”。其他田坑料有白田、红田、黑田，乌鸦皮。

2. 水坑料：有产于坑头洞的牛角冻、环冻、坑头冻。产于坑头水晶洞的黄冻、水晶冻。

3. 山坑料：有产于高山之麓各洞的桃花冻、高山晶、天蓝冻。还有产于各山各洞大都以产地命名的石料，如都成坑、太极头、鹿目格、善伯洞、艾叶绿、月尾紫、旗降、吊笕、芙蓉冻、虎岗等。山坑料俗称山料，此类料颜色丰富，品种多样，产量较大，市场上多见，除了加工印章料之外多作为雕刻工艺品用料。

（二）青田石

产于浙江省青田县东南的方山、图书山，西南的封门山等地。石质细腻温润，柔中带微脆，是篆刻印文的最佳石料，运刀感觉良好。颜色有青、黄、白、绿、红、褐、紫、黑等多种。其中的灯光冻最为名贵，价格比黄金还贵。其他的有青田黄、鱼脑冻、白果冻、牛角冻、猪油冻、五彩冻、封门三彩等多种。

（三）昌化石

产于浙江省临安县（原昌化县，已并入临安县）西北上溪乡玉岩山，开采已有千余年的历史。昌化石以渗入朱砂（硫化汞）的鸡血石闻名于世。鸡血石有不同的地色，分为羊脂冻鸡血石、黄冻鸡血石、肉糕冻鸡血石、五彩冻鸡血石，其中白、红、黑三色石被称为“刘关张”，全红者被称为“大红袍”。

（四）巴林石

产于内蒙古自治区赤峰市巴林右旗的亚马图（蒙古语意为黄羊山）。20 世纪 70 年代开始开采，石质优良，质地好，色彩艳丽丰富。性质为脆、绵、中性三种。其中巴林鸡血石为名贵石料，质地润，血色呈玫瑰红色，颜色美，但不如昌化鸡血浓艳，容易“走血”（在光下容易褪色）。按地色可分为黄冻鸡血石、藕粉冻鸡血石、牛角冻鸡血石等。

其他无血的石料有红霞冻、玛瑙红、象牙白、牛角冻等。

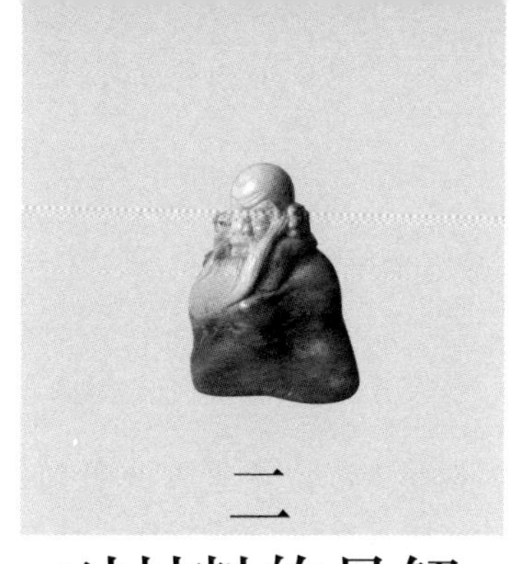

二 对材料的见解

不论是什么石料，都是与地球共生的，经过数亿年才形成，是不可再生的资源。这些石材在形成的过程中，由于地质条件与环境的差别而各异，特别是叶蜡石的形成是与火山运动有关的。火山熔岩中含有多种金属元素，因此难免会有这样、那样的“杂色”和“杂质”一起生成，而一般的设计者和使用者多少年来形成了一种观念，要求石料必须“色泽纯正”或“纯正无瑕”。其实这不过是人们的一种偏见，鸡血石中的“鸡血”不也是渗入叶蜡石中的“杂色”、“杂质”吗？因为“鸡血”颜色漂亮，不但没被视为“杂色”、“杂质”，反而成为名贵品质。

人们的这种观念和偏见造成了石料与设计者、使用者之间的矛盾。“纯正”、“无瑕”的石料毕竟是少数，而绝大多数是有杂色或杂质的。曾经有一位专家在电视节目里评论巴林石的质量时说，颜色纯正的为上品；有杂色的为中品；有杂质的为下品。这位专家的观点显然是就料论料而言，或许是站在商人的角度上，为卖料时分等级给料定价而分为上、中、下三个等级的。然而，对于一个搞艺术印章创作设计的人——料的使用者来说，就不能用这种眼光来评定石料的优劣等级了。

对于搞艺术印章的创作设计——料的使用者而言，料是为作品用的。开采者把这些石料从矿坑中挖出来，不是让它们至此而止，停留在“料”的阶段上，而是要继续加工成成品。“玉不琢，不成器”，“荆山之璞虽美，

不琢不成其宝（《晋书·景帝纪》）。不管多么名贵的料，包括田黄石、鸡血石，就连“荆山璞”（即卞和发现的楚山璞）都算上，在没经过人的设计、雕琢之前，它也是一块没有成“器”的“料”，它只有原料的经济价值，没有艺术价值。只有创作者赋予它们艺术生命之后，也就是通过人的精心设计、精雕细琢，让它们“成器”之后，它们才由“料”变成艺术品，才有艺术价值和比“料”更高的经济价值以至成为“无价之宝”。因此，在我的眼中料没有绝对的上品、中品、下品之分，各有各的用途，就看设计者如何发挥它们的长处了，只是设计者的水平有上、中、下之分。对那位专家所说的“中品”、“下品”料如何使用、设计，更是对设计者水平如何的检验。对于设计水平高的人来说，是能驾驭好这些“中品”、“下品”料的。

在多年的创作设计中，我对那些含有杂色、杂质的石料情有独钟，利用它们创作了很多“俏色”印章。俏色又称“巧雕”，就是利用石料上多种天然颜色、纹理、自然料形以至料中含有的杂质、砂石、砂斑等，经过巧妙构思，精心设计雕刻。此类作品是天然与人工巧妙结合的艺术品，其中有些是可遇不可求的绝品。

俏色印章妙就妙这个“俏”字上。“俏”是指美好、漂亮，又指少有，而要做好这个“俏”字，首先是对石料有与众不同的看法和认识，有独特的见解。

记得在我上学的时候，上泥塑课时我们经常乱扔胶泥。给我们上课的著名雕塑家周轻鼎教授，严厉地批评我们，他说：“你们不要认为这只不过是一块不值钱的泥巴，它到了雕塑家手中就是有血、有肉、有生命的东西，你们要爱惜它。”说完老人家弯腰把丢在地上的一块胶泥捡了起来。这句话、这件事让我至今铭刻在心，启发了我对一切可雕、可塑材料的认识。

在我眼中这些石料不只是冰冷的石头，而是和人一样，是有生命、有感情又有命运的。它们在地层中经历了数亿年的高压、高温才生成，又经过人们勘探、开采才来到这个世界上见了天日，多么不容易。它们来到这个世上都想遇到知音，遇到能精心雕琢它们的人使它们成器。然而它们的命运又和人一样，有好有坏，就看遇到什么样的设计者了。

作为一个搞艺术创作的人，首先要有一双识宝的慧眼，绝不能“有眼不识荆山玉”，不能人云亦云，因为某些石料有杂色或杂质就将他们定为“中品”或“下品”，更不能轻率地说它们是废料而给判了“死刑”。在我眼中，不论是有杂色还是有杂质的料，我都视为是它们的特长和特色。只要想法利用好这些特长和特色，就能巧妙地设计出可遇不可求、无法复制独一无二的绝品来。

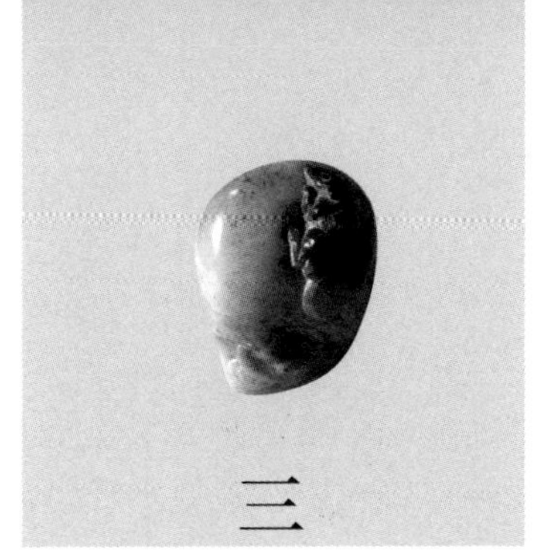

三 对“相料”的理解

“相”指的是看，是发现又是识别。人们常以伯乐相马的故事喻慧眼识宝，而识宝也好，识千里马也好都通过“相”然后才能“识”。

相料是雕刻行业中的术语，特别是玉雕、石雕行的术语。指的是在设计之前对料〔包括料形、纹理、料性、颜色、绺（裂璺）等各方面〕的仔细观察、了解，同时决定此料适合的设计题材内容。

然而，大多数的设计者都只单一地站在“人”的角度立场上看料，认为人是绝对主宰料的，有的先定题材内容，按题材相料，不适合他的题材的就视为“没用”、“废料”。他们理解的“相”只是人单方面看料，而我对“相料”的“相”理解则是“互相”，也就是相料不单单是人看料，在人相料的同时，料也在“相人”。是人和料之间的对话，是人与料感情上的沟通与交流，在这个过程中，往往是人被动地回答料给人提出的种种难题。面对这些难题，人能否回答得出来，回答的水平如何，那就要看人的素质了，有时真能让你寝食不安，连梦中都想着它。

面对这些有杂色、杂质的料，不由得想起李白的诗句“天生我材必有用”。

每当我“相”这些石料时，就好像听见料担忧地问我：“别人说我是中品、下品，你能让我成器吗？你会不会也像有些人那样把我当成废料而丢弃？”我对它们的回答是：“你适合做什么，我就设计什么。你是主动的，我是被动的，我被你牵着走。世界上没有绝对的废料，只怨有些人不理解你们，没把你们用对地方，我要尽最大的努力把你们身上所谓的杂色、杂质变成纯色料（‘上品’料）上没有的长处，想尽办法把你们身上所谓的废变成宝，设计出只此一件不可复制的绝品。如果我暂时设计不出来，我也绝不会把你们当成废料丢弃，我会再不断地想办法。我把你们比做东海深处的定海神针，只有遇到孙悟空才被称作如意金箍棒，因为孙悟空有能力要得动它。如果换了我，要不动它我也绝不说它是废铁，只能怨我自己没能耐，你们可以称我是废物人！”

四

功外之功

要想利用好这些所谓的中品、下品石料，用它们自身的颜色设计出俏色印章作品来，除了不能用世俗的眼光看待料的优劣之外，更重要的是练好“功外之功”，因为搞艺术创作需要的是多方面的知识，知识面越宽，越有助于艺术创作。刻印章的两眼不能只盯着印章，对其他的一律不看不听，那样创作的路子会越走越窄，是搞不出好的作品的。各种艺术种类虽然形式不同，但在“理”上是相同的，都有着内在联系，哪种艺术也不是孤立地存在的。多了解些其他艺术，往往能悟出你所需要的东西，更有助于你的专业创作。

我学的专业是雕塑（泥塑），毕业后干过玉器、石雕、木雕、刻瓷、葫芦造型、儿童玩具等，其中刻瓷入选北京市级非物质文化遗产保护项目，我被命名为该项目的市级代表性传承人。我的业余爱好更是广泛，喜欢古典文学、诗词歌赋。喜欢中国历史，读过很多史书，在学校教过中国工艺美术史。还是个业余文物、考古爱好者，喜欢研究北京历史和民俗。喜欢游山玩水、游览名胜古迹、博物馆。音乐、曲艺、京剧、舞蹈没我不喜欢的。我体会到爱好越多越广泛，脑子里装的东西就越多，创作的题材内容就会越丰富多样。

搞俏色印章创作和其他一切造型艺术一样，要有坚实的绘画基础和造型能力，脑子里的知识再丰富，题材再多，要想表现出来，首先要通过绘画手段，就印章设计来说，首先要把要设计的题材画在料上，下一步才是动刀雕刻。绘画功夫不过硬是不行的，因此要多画，多写生，通过画来收集素材有利于把素材记在脑子里，记在脑子里的东西才是真正属于自己的，到用时拿起笔就能默画出来。

要多读书，提高理论水平，提高欣赏水平和自身的艺术修养。只有练好这些功外之功，才能搞好艺术作品的创作。

五
俏色印章的设计

创作一件用料巧、用色俏丽、颜色分明的俏色印章最关键、最难的就是设计。它不同于用单一色的石料雕钮，就像在一张洁白的纸上画画儿一样，你想画什么任你去画，你是主动的。雕这种印钮，设计者可以按照自己的心愿与要求将石料切割成一定规格的章料，再在章料的顶端随自己的喜好结合自己所熟悉的题材与技术条件去设计雕刻，如狮钮、龙钮、螭钮等。这种设计方法是按题材取料，雕出来的东西可以再复制，以至可以批量生产，是大众化的商品，俗话叫“行活儿”。

创作俏色印章就不一样了，不论是印钮还是章身上的浮雕等装饰，设计者是被动的，不能先定题材内容，必须因料制宜，量料取材。这就好比在一张沾上各种颜色与墨迹的纸上作画一样，不能想画什么就画什么，设计俏色印章必须根据料上颜色，色块的形状、大小、深度、料形等每块料的具体情况而决定设计什么题材内容，设计出的东西每件都是只此一件，即使题材一样，形状也不会相同。料上的颜色就是指所谓的杂色和杂质，有的料还含有几种颜色，含的颜色种类越多，设计的难度就越大。

面对这些含杂色的料，决定设计什么那可就得凭头脑中积累的知识多少了，只有脑子里知识丰富、素材多，才能驾驭得好这些“中品”、“下品”材料，让它们变成“绝品”。关于这一点后面还要结合具体作品再做仔细介绍。

六 工与艺

无论是什么艺术形式，只要表现出来就要通过一定的工艺手段，其中包括使用的工具与掌握工具的技能，这就是“技法”又称“技艺”，一般称为“手艺”。技法在实施的过程中所用时间多少称之为“工”，比如人们常说某件活儿“工大、很费工”，某件活儿“省工省力”、“没费多大工”。对技法的熟练程度在作品中也能反映出来，人们常评论某件活儿“工很细”，某件活儿“工太糙”，某件活儿“工真巧”，“巧夺天工”等，这说明“工”在作品中实施多少要合适，不可不到，不可过，不到则为粗糙，过了则为烦琐、造作。要做到“恰到好处”。然而，究竟施多少工才算恰到好处呢？要弄清这个问题，就必须搞清楚“工”与“艺”的关系。

任何一件艺术品包括俏色印章在内，都要通过一定的工才能由设计变为现实，不通过一定的工它只能停留在想象的设计之中。这说明工只是为表现艺术内容的手段。“工”是为“艺”服务的。工是熟练的过程，艺是修养，用工多少要看艺术内容、艺术形式的需要，绝不是“工大艺就高”。真正的艺术是“浓缩”而不是“多给”。绝不是像一些商人介绍、宣传一些工艺品经常说的“用了多少多少名贵材料，用了多少大师、多少高级工历时多少年才制作出来的精品”。这种宣传是为了讨价还价，最终达到要高价的目的，是一种商业行为，与作品的艺术性高低是两码事。一幅只用十几分钟画出的写意画不见得比画了多少天的工笔画艺术性就低。艺术不能用工时来计算，需要用多少工完全根据艺术而定。

在雕俏色印章的过程中，因为料上自身就有颜色，有时颜色的形状与需要设计的内容恰巧正合适，遇到这种情况则能少刻一刀绝不多刻一刀。这样做即保留了材料自身的天然美还省了这一刀之工，这就叫“巧”。在我的作品中有的只刻了一刀就达到了艺术效果，有的在磨章身时磨出的色形不需动刀就出了艺术境界，再刻一刀都是多余的。正像《周礼·考工记》总序中所说的“天有时，地有气，材有美，工有巧，合此四者然后可以为良”。

七
雕刻工具及使用

“工欲善其事，必先利其器。”（《论语 · 卫灵公》）不管干什么，必须事先准备好全套的、得心应手的工具，这是把设计方案变成现实必需的设备，各种工具的使用都必须通过一段熟悉、掌握的过程才能用于实际。

叶蜡石与其他用于制作印章的石料的硬度都在莫氏 1–2 之间，个别硬一点的也超不过 3，比较软，所以一般的刻刀都能刻得动。

雕印章的工具比较简单，也容易掌握，只要熟练一段时间就可以掌握使用。

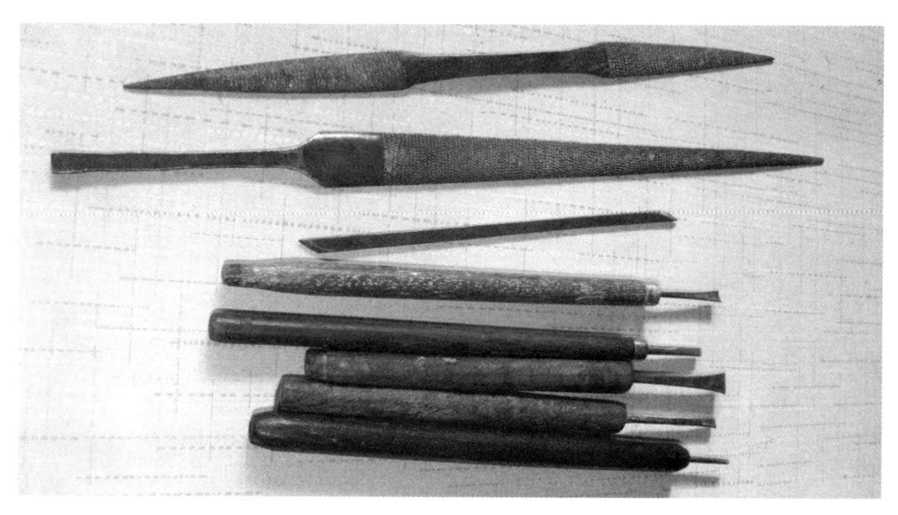

雕刻工具

（一）锯

锯的用途有两种。若开料用，用大一点的木锯就可以。锯的大小可根据料块的大小选择。印章一般不会太大，因此也没必要选用超大块的料。太大块的料现在都用电锯开，如果不是批量生产加工章料还是用手锯好，手锯锯条薄，可以节约料。俏色印章中有很多是随形章，更适宜用手锯。

开料前必须看好料性和绺，有绺的地方要顺着绺走的方向下锯，这样开料就能避免开好的料上再带绺。切片料时按照印章的厚度尺寸下料。锯前先在料上画两条线：一条是锯口线，就是按这条线下锯，在料的上面；另一条叫立线，在面对自己这一方的料上，是下锯的方向，锯时按照这条线往下走锯。开料时可以边锯边在锯口上加水，一是避免锯热和粉尘，二是起到润滑作用，省工省力。

第二种是钢锯，就是钳工用来锯铁的弓锯，用来去掉雕印钮时多余的料用。钢锯条较脆，容易折断。折断的锯条如果锯齿快还能用，可以加个手柄成为小刀锯。这种手柄市场上有卖，也可以用竹、塑料板自己制作。锯条选用粗齿的（每厘米约 8 齿）。

（二）木锉

木锉的种类比较多，尺寸大小不一。按形状可分平锉、尖锉，两头芒、圆背锉等。锉齿分尖齿、平齿。

平锉适于锉章体的平面用。用锯锯出的章体有的面没有锯平，可先用平锉锉平后再用砂纸磨平磨细。尖锉、两头芒、圆背锉用于雕钮时找大形用。根据所雕印章的大小、需要用锉的部位、形状选用不同种类的锉。

（三）刻刀

用于刻大形和细部，一直到雕刻完工。市场上卖的刻刀不太适用，所以根据需要自己制作为好。可用普通的工具钢条打磨而成。工具钢是指含碳量大于 0.6% 的钢材，有一定的韧性，适用制作普通的刀具，经过淬火后磨锋利就能使用。

刻刀的刀形分为平口刀、斜口刀、圆口刀、斜口刮刀。

平口刀刀口的宽度大约由 3 毫米至 10 毫米不等，单面磨刃。斜口刀刀口呈 45 度斜角，宽度由 2 至 5 毫米，单面磨刃。圆口刀呈半圆形，弧度可根据需要定，刻圆沟槽用。斜口刮刀用于刮刻、刮平地子用。各种刀具的桯长约 8 厘米，嵌在木柄中，外露 4 至 5 厘米即可，木柄粗细以自己握刀舒适为准，前粗后细避免推刀时打滑，便于用力。各种刻刀的选用都根据所刻印章大小需要而定。

使用各种刻刀、锯、锉时要注意不要把手放在锯口、刀口、锉的前面，以免伤手，特别对于初学雕刻的人来说更应注意。

（四）吊钻

俗称蛇皮钻，是一种专用雕刻工具。由高速电动机、软轴、钻柄（包括卡头）、变速开关几个部分组成，工具头有直径 6 毫米以下各种形状、大小不同的钢磨头和钻石粉磨头，再备 6 毫米以下大小的台钻钻头供打孔用。

使用蛇皮钻可以用不同形状的磨头将印章的大形、细部雕琢出来，省工省力。刻叶蜡石可以用钢磨头，遇到料中的硬砂，钢工具刻不动时，可以用钻石粉磨头来刻。

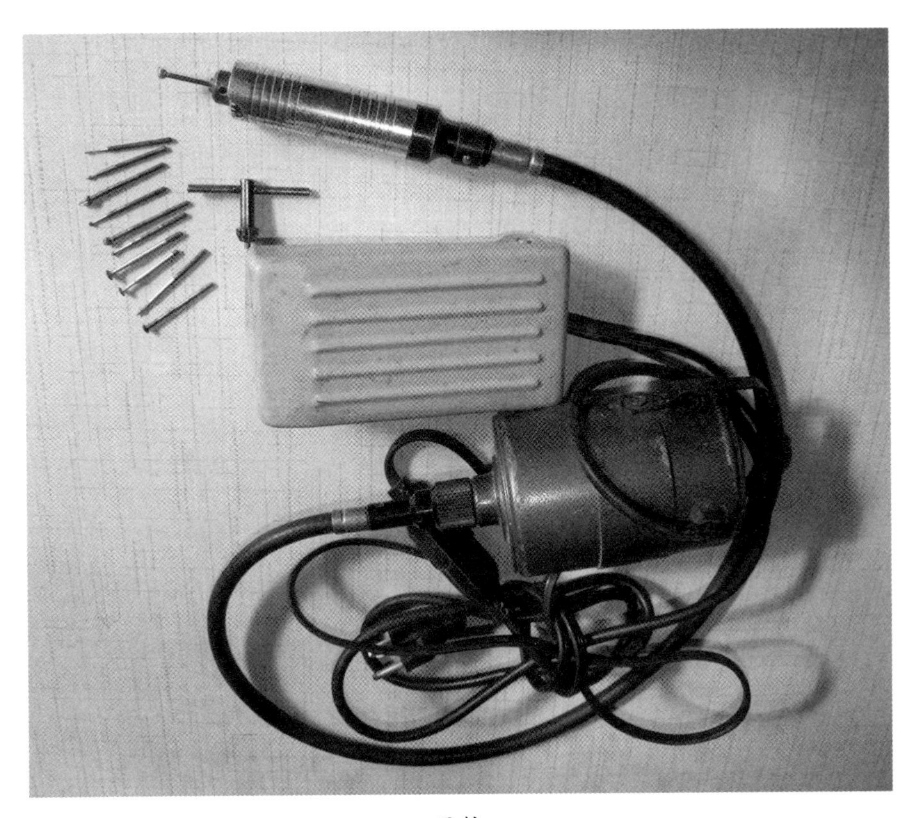

吊钻

用蛇皮钻雕琢出的东西，在完成前作品的棱角、沟、边缘等处再用刻刀刻一下，因为用蛇皮钻雕出的效果和磨玉一样，是“琢磨”出来的，各处都是圆的，尤其是深沟凹棱、凹角的地方，没有用刀的力度，行话叫“不利落”，因此再走一遍刀最好。

八 抛光

不论是印章还是各种材质的雕刻作品，完成后都要经过抛光最后一道工序，抛光后可以使料的质地、颜色、光泽等充分地显露出来。就叶蜡石来说，经过抛光后它油润的质地、玻璃光泽、绚丽多彩的颜色都能让人看得清清楚楚，并且手感更加温润。

俏色印章经抛光后，巧妙利用石材上的各种颜色的地方，更能清楚地显露出来，更能让人看到“俏色”的艺术效果。

印章的抛光，现在很多人用机器布轮抛，速度较快，适用批量加工，但容易把雕刻部分弄得棱角不清，模模糊糊以至走形，遇到软硬不均的料会磨得凹凸不平，对于俏色印章还是用传统的手工抛光最为适宜。

（一）抛光材料

砂布，3 至 5 号，此种砂布较粗糙，适用于章体磨平。

水砂纸，280 号至 360 号，用于蘸水磨细章体与印钮。

锉草，俗叫节节草，中文学名木贼，中药材里也叫木贼，是多年生直立草本蕨类木贼科植物，地上绿色茎有节，中空，表面具粗糙的纵列沟脊，富含硅质，硬而韧，产于我国北方各地。在没有砂纸前用来磨光金属、木器、漆器、骨角制品等，是传统的磨光材料，可以磨得比最细的水砂纸磨过的还细。

褪灰，是传统的抛光磨粉，是用软硬适中的老砖粉碎轧面后，再用水淋浆制成，适用于石、漆等抛光用。

川蜡，即四川白蜡，是生物制品，原料为放养在白蜡树上的同翅目蚧科昆虫白蜡虫雄虫的蜡质分泌物，国际上称“中国虫蜡”，盛产于四川，为我国特产。蜡硬而脆，熔点 80℃至 83℃，是制作皮鞋油、地板蜡、汽车蜡的原料。可直接用于玉、石抛光后上的蜡，由于硬度高，可对章面起到保护作用。另外，这种蜡凝固后不黏，不粘尘土。

（二）抛光方法

1. 把雕好的印章用各型号的水砂纸蘸水由糙渐细打磨，磨到没道痕为止。

2. 水砂纸磨不到的地方则改用锉草磨，方法是提前将锉草用温水泡透，用小竹签插入锉草茎内一厘米左右后折回，蘸水深入砂纸磨不到的孔洞之内磨光，竹签的宽度以能插入锉草茎内为准。磨废的锉草可用于砂纸磨过的章身及印钮的表面再次摩擦使其更细。

3. 细磨，将褪灰用水泡湿，用湿布蘸褪灰反复擦磨印章所有的地方，孔洞内可根据孔洞大小用宽窄不同的布条穿入孔洞内蘸上褪灰拉磨，最小的孔洞可用棉线拉磨，直到磨亮。

4. 上光，左手拿印章，用右手掌、拇指蘸上褪灰用力反复擦磨印章，直到手掌与印章发热，褪灰干了，印章也就亮了。

5. 过蜡，将抛光好的印章用水刷洗干净，不要留下褪灰，用干净布擦干。再把印章渐渐加热，用小刀往印章上刮川蜡末，温度以蜡末能在章上融化为准。蜡末熔化的同时用小刷子刷，使蜡在印章上涂均匀，特别是抛光不到的孔洞之内都要进去蜡，但不可过多。印章上有绺的地方多上点蜡，让蜡渗沁入绺内。

当印章温度下降到蜡将凝固的时候，用干净毛巾或软布把多余的蜡擦净，不要让多余的蜡凝淤在章上。待印章完全凉透，再用软布擦亮。这时的印章材质、颜色、光泽完全显露出来，一件印章由雕到抛光全部完工。

过蜡时要注意的是，在给印章加热时不要过快、过热，特别是脆性料。再有就是不可在通风的地方过蜡，即使是热天也要关闭门窗，否则加热的印章被风一吹就容易炸裂以至炸碎。

九 创作题材

创作，指的是文学、艺术作品的创造，是作者站在一定的立场上，用一定的世界观为指导，以形象思维的方法对社会生活进行观察、体验、研究、分析，对生活素材加以选择、提炼，加工塑造出艺术形象来的创造性劳动。

就创作俏色艺术印章来说，作者要站在爱国主义的立场上，了解、热爱我们中华民族悠久的历史、优秀的传统文化艺术，热爱生活，热爱大自然。用辩证的方法观察、看待一切事物包括对材料优劣的认识和创作中遇到的问题等。要怀有一颗阳光的心在现实生活中去寻找美、发现美、创造美、表现美。把生活中收集到的素材，经过艺术加工后反映在作品之中，让作品内容来源于生活又高于生活。艺术创作不是自然的翻版和复制，不是对自然简单地模拟，它与制作模型和沙盘不一样，素材来源于生活之中，是客观的，要想让它变为艺术品就必须融入作者主观的东西，要有作者的“寄情”在内，也就是在作品中要融入作者深厚的感情，这样的作品才是有血有肉有生命的，才能感人，才是真正的创作。

在我创作的俏色艺术印章作品中，都能反映出我对生活的态度与看问题的方法，我热爱生活，热爱大自然，热爱我国的民族传统文化艺术。因此，我创作的俏色艺术印章题材内容丰富、广泛，其中包括大自然中的花、鸟、鱼、虫、动物、人物、山水风景以及人文的诗词和传统题材等。

根据每块材料的具体情况、特征用圆雕、浮雕的形式，写实、写意的手法将这些内容表现出来。以下分别谈谈我在创作时常用的题材和我对这些题材的理解。

（一）花鸟题材

花鸟是造型艺术创作常用的、取之不尽的题材，在国画中形成了一个独立的画种。花与鸟有时同入一幅画中，有时又分别入画：单独以花为题材的叫“花卉”；花鸟同入画的叫“翎毛花卉”。在我创作的俏色艺术印章中有很大一部分作品是以花鸟为题材的。因此，每年四季我都会应时地去公园写生各季节盛开的鲜花，春天的牡丹、芍药、桃花、杏花，夏天的荷花，秋天的菊花，冬天的梅花以及室内外一年中栽培的各种花卉。

对于各种鸟我更是喜爱，也经常到动物园中去写生，画速写以至带着胶泥现场塑造。在动物园里可以对鸟近距离观察，鸟的形体、细部结构、

作者带领学生在动物园用胶泥塑鸟

羽毛颜色等都能观察得清清楚楚。同时，动物园中鸟的种类多，一些稀有的种类都能见到。但是，生活在动物园中的鸟毕竟是过着被囚禁的生活，特别是一些大型鸟类真可谓“有翅难展”。要想全面地了解鸟类的生活习性，对它们的飞、鸣、食、宿进行观察还要经常到郊野、山林、湖边、水田等，做到动物园中取其形，大自然中观其神。

（二）鱼虫题材

这类题材出自于大自然之中，是很多造型艺术所喜爱的表现内容，如国画和各种雕刻作品中经常有鱼、虫的题材，要收集这类素材就必须到大自然中去。

本人从小就对鱼、虫之类非常喜爱，儿时的我和其他的孩子一样，经常到郊外树林、水边、草地等处逮蛐蛐、抄蜻蜓、粘知了（蝉）、扑蝴蝶、捉蚂蚱，到河湖边钓鱼、摸鱼，逮青蛙等，这些事没有不干的，与其他孩子所不同的是，我在玩这些东西的同时，非常注意对它们的观察，并且把它们画在纸上，所以对各种鱼、虫的身体结构、形态特征、颜色、生活习性，特别是对它们的神韵都非常了解，而且都记在头脑之中，拿起笔就能默画出来。

长大以后，我考入了北京市工艺美术学校，在校期间，受到了严格的专业基础训练，花鸟虫鱼更是国画课中学习的内容，所以有时还会和儿时一样去捕捉它们、饲养它们，其目的不再是玩耍，而是为更深入地观察它们，它们已成为我的创作题材了。

多年来我不知画了多少各种草虫，它们的形象已经深深地印在我的头脑之中。如今由于农药的使用和环境的污染，自然界野生的鱼、虫都

1964.7.

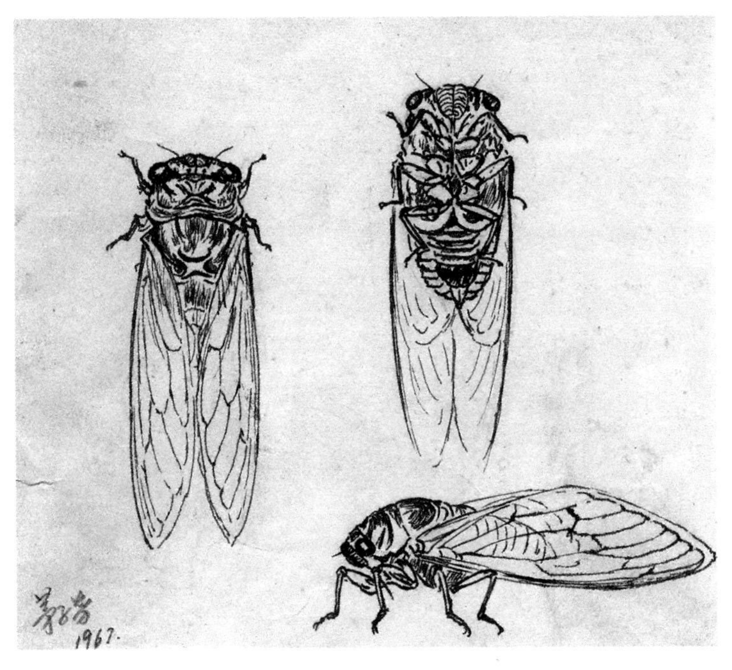
1967.

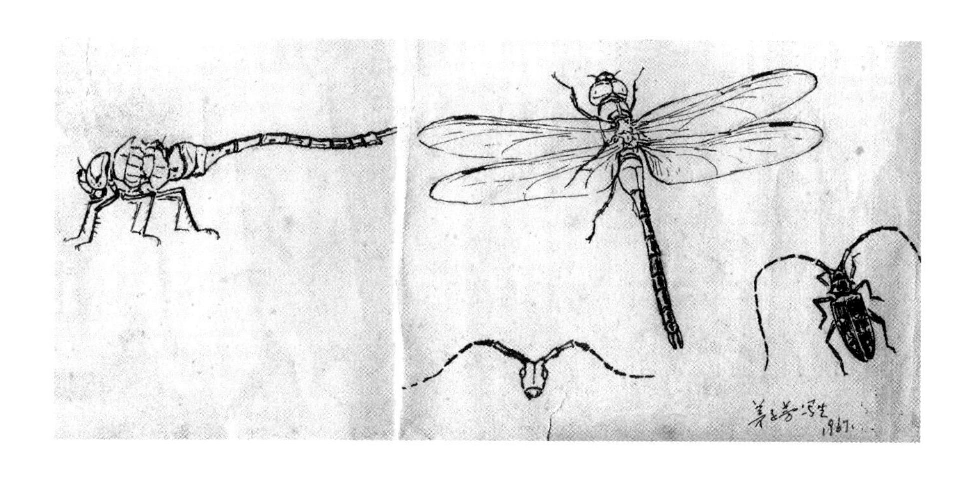

已经很难见到，有时一年都见不到一只蚂蚱、螳螂，收集这些草虫资料已不是容易事了。

（三）动物题材

又叫走兽，一般指哺乳动物，包括生活在我们周围的各种家畜，如马、牛、羊、猪、猫、狗、兔等和各种野兽。这类题材多用于雕刻印钮，是印钮中常见的内容，如十二生肖印钮中除了龙、蛇、鸡之外，其他九种都是哺乳动物。

对于哺乳动物，特别是大型的一定要了解它们骨骼、肌肉等解剖知识，虽说它们身上有毛，但在头部和各关节部分的结构还是显露得很清楚的，另外还要了解它们的生活习性和体态特征，特别是同一科的动物，比如猫、虎、狮、豹同属猫科动物，但形体上有明显的差别，不掌握它们的特征和差别，刻出的东西就会猫虎不分，因此，对这些动物要多观察、多写生，只有充分地熟悉它们，刻出的作品才能做到“形神兼备”。

（四）山水题材

这类题材多用于章体上的浮雕。山水画是中国画中的一个独立画种，它与西画中的风景画是不一样的。中国山水画讲究的“意境”，它能把眼前看得到的景物和隔着山以至千里之外眼前根本看不到的东西都画进去。它又与古诗词有关，历史上有很多山水画家同时又是诗人。如唐代的王维，他的作品被人们誉为“诗中有画，画中有诗”。在我创作的俏色艺术印章中，有很多都是根据章料上的自然颜色巧妙地与古诗词相配创作出来的。

在单一色的印章材料上，特别是名贵的田黄石等章料上雕刻浮雕山水题材，往往是为了“遮绺”，就是按照料上的裂璺走向设计，山水题材比较灵活，可以顺着绺的形状、走向画出山、树、石等一些不规则的景物，这样雕刻时就能把绺刻在轮廓线上把绺遮住，使其不明显又不浪费料。

创作俏色山水印章作品与前者不一样的是必须顺着章身上的多种颜色形状设计，有的色形和观赏石一样自然形成某种形象，比如有的像棵树，有的像块山石，有的像远山等，遇到这种情况只需简单地加工一下，有的地方根本不须下刀意境就出来了，让人感觉就是一幅人工与天然巧妙结合、意境深远的山水画。

俏色山水题材印章的创作是比较难的，首先要对中国山水画有一定的理解，再有就是多读、多背古代诗词，还要多游历名山大川，多写生积累创作素材。总之，创作山水题材的俏色印章更需要深厚的文化底蕴和艺术修养。

（五）传统题材

这类题材绝大多数是生活中没有的，如龙、凤、中国狮子、犼、螭、夔、辟邪等，但它们又是生活中多种动物在人们心中理想化的结合，也是印章常用的题材，多用于印钮雕刻上。用这类题材除了要掌握它们的造型之外还需要了解它们的历史渊源与文化内涵，它们都有着各自的来历，有些印钮在古代不可以随便使用，比如龙、凤，在明清时代是皇家专用的。螭，也是传说中蛟龙一类的动物，《说文》解释其“若龙而黄”，西汉时期只有皇帝和皇后的玺上才能用螭作钮。

龟，这种在生活中常见的动物也是印钮中的题材，现代由于人们对它产生了一些误解而很少用了，不过在古代龟是等级高贵的象征，一般人是不能用龟的形象制作印钮的。据《汉旧仪 · 补遗》卷上载，黄金铸造的龟形钮的官印只有皇太子、列侯、丞相、大将军等可用，千石以下的官员只能用铜印鼻钮。后来“龟钮”便成了官印的代称，“金龟”也成了“高官”的代词。唐代诗人李商隐的《为有》一诗中写道：“无端嫁得金龟婿，辜负香衾事早朝。”诗的意思是：谁让我嫁给你这个佩戴金龟的丈夫了呢（指地位显赫的高官），你只得早早地起床上朝侍奉君王去了。

龟钮最早见于秦代，从汉代开始使用龟钮就有严格的制度规定，以后一直沿用到清代，清代仍然规定后妃、亲王宝印用龟钮。

龟钮的造型历代都有变化。秦代和西汉早期龟形比较小，龟背较平；

西汉中晚期龟身渐大，龟首不外伸，神态自然生动；新莽时期的龟钮背部高高隆起，四肢有力，很像一种叫象龟的龟类；东汉时代的龟钮背部较圆，头伸出的比较直，背部纹饰比较细；三国时期龟背变得扁平，头部长伸；两晋的龟钮头部明显伸出印背之外，龟身造型粗略；北朝龟钮头有伸有缩，形状不一；南朝的龟钮造型简洁概括；明朝在龟身上又缠了蛇，变成“玄武”；清代亲王宝印上的龟钮头部演变成龙形，四周有祥云围绕，变成“龙生九子”中驮碑的赑屃（bì xì）。

狮钮，用狮子形象制作印钮从西汉晚期在私印上开始出现，一直沿用到现在，是一种深受人们喜爱的传统印钮题材。

印纽上的狮子不是在动物园中看到的非洲狮，而是“中国狮子”，这种狮子形象深受中国人的喜爱，认为它是“瑞兽”，可以带来吉祥。然而中国并不产狮子，它原产于非洲、西亚，但我国很早就有关于狮子的记载。《穆天子传》卷一上载：“狻猊野马走五百里。”《尔雅 · 释兽》：“狻麑（音ní）如虦（zhàn）猫，食虎豹。”郭璞注：“狻猊，师（狮）子也，亦作狻麑”，又注“狻麑，即师子也，出西域，汉顺帝时疏勒王来献犎牛及师子”。《汉书 · 西域传》中又称狮子为“辟邪”，“辟邪”原是梵语的音译，意为“大狮子”。

“中国狮子”这个艺术形象的形成经历了一个漫长的发展时期。张骞出使西域后，西域一些小国家把狮子作为贡品送到中国。由于交通不便，只有少量的狮子能活着到达长安送到皇帝的“上林苑”中，一般人是看不到的，作为社会底层的手工艺工匠只能在听传说的基础上，结合主观想象，经过艺术加工创作出他们心目中“狮子”。经过两晋、南北朝、隋唐历代匠师不断地艺术加工、完善，到盛唐时期“中国狮子”这一艺术形象已经成熟、定型，与非洲狮子成了两种完全不同的动物。人们把它大到雕成巨大的石雕摆在皇帝的陵墓前，小到用于印钮上，直到现在，印章上用狮钮的数量最多。

辟邪，也是印钮中常见的传统题材，它与“中国狮子”的形成紧密相连，它是“中国狮子”这一艺术形象发展过程中的一个阶段性形象，也就是“中国狮子”没有发展到定型时期的过渡形象。这在南京、句容、丹阳等地的南朝陵墓石雕中可以看出，这些石雕辟邪的身体呈现S形，昂首挺胸、张口吐舌，体态矫健，脑后胸前腮边雕有卷毛，即像狮子又有其他猫科动物的特征。另外，每只辟邪身上都雕有双翅，有的还有角，显然这是被神化了的动物，这与以后隋代、初唐时期的石雕狮子有相似之处。

《汉书·西域传》中载：“乌弋地暑热莽平……而有桃拔、师子、犀牛。(孟康曰：“桃拔一名符拔，似鹿，长尾，一角或为天鹿，两角者为辟邪。)”

由此可知那时提到的狻猊、狻麑、辟邪指的都是人们心目中的狮子。在以后中国狮子造型逐渐发展成熟后和狻猊、辟邪分开了，狻猊和辟邪也都各自“另立门户”，成了两种不同的物种。

（六）人物题材

这类题材古代、现代都有，但数量不多，多用于印钮，从战国到元代都在私印上使用，造型较简单，有的站立，有的蹲坐，有的起舞，现代又有寿星和八仙等神仙题材，从古至今没有演变顺序关系。

十
作品解读

以下介绍的这些印章，是我创作中一部分具有代表性的作品，时间跨度30多年。内容包括虫、鱼、花、鸟、走兽、人物、传统题材、山水诗词和其他等内容。表现形式有圆雕、浮雕、印钮、章身装饰等。不论用什么石料，全部都是利用石料上天然生成的颜色，选择适合的题材创作设计的。从锯料、设计、雕刻到抛光成活，全部过程都是我一个人完成的。这样做体现出一件艺术作品创作过程中的连续性和完整性，能最大程度地表现作者在其作品中的“寄情”。通过对这些作品的解读，更能验证我对一些问题的独立见解，包括对材料的认识、对相料的理解、工与艺的关系、设计思路和其他问题的一些观点，同时也是对以前艺术创作过程的经验总结和理论概括。

几十年来，我就是利用这些被视作“中品”、“下品”的料、下脚料以至被丢弃了“废料”进行创作，利用它们出了不少作品。在创作过程中，这些石料也的确够“刁难”我的，给我出了不少难题，它们经常让我冥思苦想、搜肠刮肚、绞尽脑汁，让我走路、吃饭、睡梦中都想着它们，让我吃尽了苦头。然而，当一件件化腐朽为神奇的作品问世之后，摆在展柜之中，看到观众叫好称奇、赞叹不已、流连忘返的时候，创作的快乐感、成就感让我把吃过的那些苦头又通通地忘了个一干二净，重新又拿起块石料思索起来，这也许就叫“乐在其中”吧。

春蚕到死丝方尽

高 7.7 厘米，长 3.8 厘米，宽 2.4 厘米

此章为绿冻石随形章，原料呈不规则的扁方形，深绿色半透明，一面有一层斜向白色，厚度不一，白色后仍为绿色。

在这白色层上根据其厚度，我设计了一条向上爬的蚕，然后把多余的白色刻掉，露出绿地，又在这露出的绿地上顺其形设计了一片被蚕啃食的桑叶，这样一条白色的蚕就趴在了绿色的桑叶上了，剩下的料就做了章体，在料色上形成了鲜明的对比。

中国是个盛产丝绸的大国，种桑养蚕在中国已有数千年的历史，传说黄帝的正妃嫘祖曾“教民养蚕”，被后人尊为“蚕神”。蚕属于昆虫纲、鳞翅目、家蚕蛾科，一般常见的多是家蚕。

蚕作为艺术创作的题材历史悠久，早在商代的青铜器的纹饰中和玉器中就有蚕的造型，作为印章的装饰题材还未曾见过。此章的题材选择和设计是依据料形料色而决定的。

蜡炬成灰泪始干

高 12 厘米，直径 3 厘米

材料为巴林石，料形近似于长方，但出不了长方形章料。料的三分之二为红色，上部的三分之一由红逐渐变黄到白，而且料形呈尖形。

我利用这红色部分设计成流满蜡泪的红蜡烛，使它成为一枚圆形印章，上部设计成燃烧着的烛火，火焰下黄上逐渐变白，火焰与蜡烛相接的地方是未凝固的蜡油，那里正是开始变色的部位，这样设计就把这块章料上所有的颜色全部巧妙地利用上了，而且感觉非常自然。

此章与前面的蚕章合成一组正好是唐代诗人李商隐的诗句："春蚕到死丝方尽，蜡炬成灰泪始干。"

清风半夜鸣蝉

高 8 厘米，长 2.5 厘米，宽 2.5 厘米

这是一块被人丢弃的巴林石料，它的颜色如同香灰色一样，行内人又称这种颜色的料为“荞面地子”，意思是指和荞麦面的颜色一样呈灰白色，顶部还有一块黑中带些棕色的杂色，因为颜色不美而被人扔进了废料堆。

正是它这灰白的颜色与顶部的那块杂色被我看中了。根据多年的经验，我断定它是巴林石中的绵性料，这种料经抛光后有一种柔润的油脂性的光泽，灰白色经过抛光后可以呈月白色，就是像月光照耀下的颜色。

经反复思考，最后决定，利用那块黑中带棕的杂色按其色、顺其形正适合设计一只鸣蝉。

蝉，这个雕刻艺术品中常用的题材历史由来已久，早在距今四五千年新石器时代的良渚文化玉器中就有蝉的造型，汉代玉器中更有大量发现。

蝉之所以很早就进入艺术造型中，除了它外形美之外，人们还赋予了它文化内涵。

由于蝉的幼虫生活在地下，长成后才爬出地面在树上蜕变成虫，因此古人认为它“蜕壳而生”，以此比喻超凡脱俗、高尚清洁。《史记 · 屈原贾生列传》中说“蝉蜕于浊秽，以浮游尘埃之外，不获世之滋垢，皭然泥而不滓者也”。古人还认为蝉有再生的能力，能飞升成仙，传说齐王死后他的尸体变成蝉而鸣叫。唐代段成式撰写的《酉阳杂俎 · 虫篇》载：

“蝉，未蜕时名复育”，复育就是再生。《淮南子 · 精神训》中说“人借蝉蜕以成仙，为以是与宇宙并寿”。《道德经集注 · 卷五》中说“有道之士，其死也脱胎神化，如蝉蜕焉，身虽死而真身不亡”。如今人们又赋予了它新的寓意，由于它叫“知了”鸣叫声音高，因此把它寓意为“知音”。看来，这小小的蝉还真够“神”的。

这件俏色艺术印章雕好之后，各方面都达到了预期的效果，上边那块杂色与真蝉的颜色一样，蝉翼上面凸起的筋反射着条条亮光，加上章身的地色正如同月光照耀下鸣叫的蝉，这意境恰与宋代辛弃疾的《西江月 · 夜行黄沙道中》描写的一样“明月别枝惊鹊，清风半夜鸣蝉”。

临风听暮蝉

高 7 厘米，长 6.5 厘米，宽 3.5 厘米

这是一块锯下的巴林石料头，是块很好的黄冻料，然而偏上部却夹杂着一横向的黑色，料形上窄下宽，出不了方形章料，只得依其形出了一块随形章料。这块随形章上面的黄色少，而且越往上越薄越透明，中间的一条黑色越往下变得越浅。

我利用这条黑色设计成蝉的身子，将头、背部上面的黄色去掉使其露出，后上部的黄色设计蝉翼，下部的一条黑色就自然而然地像透过蝉翼露出蝉肚子的颜色。两只蝉翼的上部刻薄后更加透明，非常像暮色的余光映在蝉的身上。章身料厚，透明度自然不如蝉翼，再加上中间隔着黑色的蝉身，颜色对比非常鲜明，这条黑色就这样被巧妙地用“俏”了。

经抛光后蝉翼更加透亮，特别是灯光一照泛出落日余辉的效果，这正如唐代诗人王维诗中写的“临风听暮蝉”。

本以高难饱，徒劳恨费声

高 7.5 厘米，长 2.5 厘米，宽 2.5 厘米

这是根据唐代诗人李商隐的《蝉》一诗创作的。一块青灰色的绵性巴林石料方形章料，顶端的一角上有一块黑色，利用这块与蝉背一样的颜色设计成蝉的头、背和前肢。蝉的双翼顺着章身的一个棱边的两个面刻出，让这只蝉紧紧地抱住章身。由于双翼在章身的平面上刻出，没有一点弧度，所以显得这只蝉肚子干瘪，一幅没有吃饱的样子。李商隐诗中的这两句意思是“你生来就栖身高处餐风饮露，为了保持高洁而难以饱腹，纵然声声哀诉也枉然”。

前面谈过，搞艺术创作必须有作者的寄情在内才算真正的创作，不论是书法、绘画、诗词包括艺术印章在内都是如此。

同样是用蝉或蝉鸣作为创作题材，辛弃疾、王维、骆宾王、李商隐的诗词中都出现过，但听了蝉鸣后不同的人心情与感受都不一样。

唐代诗人骆宾王在唐高宗仪凤三年（678 年）因上书议论政事而得罪了皇后武则天被诬陷下狱。在狱中听着外面的蝉鸣写下了《在狱咏蝉》一诗。这首诗名为咏蝉，实则自表心迹。以蝉自喻有翼难飞，有口难言，有冤难伸。

李商隐在他的诗中将自己的遭遇与蝉联系起来，多蒙蝉声提醒自己要像蝉一样清苦高洁。

金蝉未蜕

高 9 厘米，长 4.2 厘米，宽 4.8 厘米

这是一块红色中间又夹着一些黑砂的方形章料，顶端有一层斜向的薄厚不一半透明棕色冻料。设计时正是闷热的伏天，想了好几个题材都不太满意，听着窗外的蝉鸣更使我烦躁不安，越是想不出好题材就越觉得蝉的叫声大得闹心。听着听着忽然灵感来了，觉得外面的蝉在使劲地提醒我，那层棕色的冻料不是正好与“知了猴儿”（蝉没蜕壳前的幼虫）的颜色一样吗？与此同时，脑子里又浮现出儿时的我每到夏季的黄昏，天将黑的时候就到大柳树下去捉刚刚从地下钻出正要往树上爬的知了猴儿，如果它爬高了就够不着了。由于没有手电，有时只能用手摸着抓它，所以都叫“摸知了猴儿”。白天我们只能在树干上找已经变成知了飞走后留下的空壳（蝉蜕）玩了。

题材定下来了，按照料的形状设计出两只爬动的知了猴儿，真正动刀雕刻是在秋季，天凉心静，再经过推敲、修改，细心琢磨，没过多久两只棕色的知了猴儿活灵活现地趴在红色的印章顶部。我为这方印章取名“金蝉未蜕”。

早有蜻蜓立上头

高 7 厘米，长 2.1 厘米，宽 2.1 厘米

在一块青灰色的巴林石冻料上附着一层斜向薄薄的黄色冻，这是别人把大块的黄冻切去剩下的料头。因为两种颜色交界的地方模糊不清，这就给设计带来一定的困难，如果雕刻的过程中不能把两种颜色分清楚，就做不到“俏”反而成了“花”，但是分得太清楚了便会“假作真时真亦假”，人家会怀疑你是用两种不同颜色的料粘在一起的，到时让你有口难辩，自己都说不清楚。

面对这块石料，我先把它切成一块方形石章，让黄色留在章身上方的正面。这层黄冻面积较大而又非常薄，这给选择题材上出了个难题。经过多日的苦思冥想，儿时玩过的蜻蜓浮现在头脑之中：蜻蜓飞、落时双翅都是平展，双翅与身子呈十字形，蜻蜓身子偏平，用这块黄冻料设计一只低飞欲落的蜻蜓再合适不过了。

用蜻蜓作为艺术创作的题材，历史上多在国画中出现，一般都作为花鸟画中的陪衬，也有少量专门表现草虫题材的画中有蜻蜓，如元代画家钱选的《草虫图》就画了好几只蜻蜓，现代的齐白石、王雪涛等的作品中也画过很多蜻蜓，在雕刻艺术作品中却很少有表现蜻蜓的作品，可能因为它翅薄而透明，在没有颜色区别的材料上不易表现出效果的原因。鉴于这种情况，我认为利用这层黄色半透明的冻料与青灰色的章身颜色上有差别这一特点，用高浮雕的表现形式，完全可以扬长避短地将它表现出来。

雕刻的时候，尽量把蜻蜓翅膀的边缘与章身的地色剔开，这样让人感觉翅膀很薄很透明，与章身之间有段距离，章身上即使留下少许余留的黄色也与蜻蜓无关了，这样处理既让蜻蜓翅膀更加透明又让人看出原是一块石料雕出的俏色，不是用两块料粘上的。

经抛光后，那青灰色的章身衬托着黄色半透明的蜻蜓，颜色分明，十分俏丽，章身上浮雕着几根水草，简单写意，使得构图完美，主题突出，就用“早有蜻蜓立上头”的诗句为这块俏色艺术印章来定名吧。

蝶恋花

高 9.4 厘米，长 4 厘米，宽 2.8 厘米

一块蓝灰色上有白色花斑的巴林石，上边一侧有一块薄薄的黄棕色料皮，上面也有白色的斑点，因为颜色不美没人喜欢。

我得到这块料后决定利用上面颜色的差别设计一枚俏色印章。根据料的形状，在保留这层黄棕色料皮的前提下，将它设计成一件扁方形的章料，把这层料皮留在正面的上方，下一步就是考虑利用它设计什么合适的题材内容了。

经过多日反复相料，有一天忽然想起这层黄棕色上带白色花斑的料皮非常像小时候经常逮过的一种蝴蝶，这种花蝴蝶夏末才有，飞得很快，但很喜欢落在白色的花上，我和小伙伴都不知道它的学名，都叫它“花老道”。因为这层料皮很薄，做别的题材都不够厚，只能做这翅膀薄薄的“花老道”，更何况颜色那么合适呢。

蝴蝶被人称为“会飞的花朵”，在动物学中属于昆虫纲、鳞翅目、锤角亚目。全世界有 14000 余种，我国有 1300 种。

蝴蝶凭借着它那五颜六色美丽的翅膀在花间翩翩起舞，与盛开的鲜花相映衬，给人以动静对比之美，非常受人喜爱。人们又赋予它文化内涵，双双飞舞的蝴蝶被人作为爱情的象征。把它和猫画在一起，称“耄耋（mào dié）”。耄，《礼记·曲礼上》说“八十、九十曰耄”，《盐铁论·孝

养》中说“七十曰耄”。耋，《诗·秦风·车邻》：“逝者其耋。”毛传：“耋，老也，八十曰耋。”耄耋之年指的是长寿。

蝴蝶出现在艺术作品中较之前面所说的几种草虫历史晚一些，多出现在纺织品、刺绣、国画之中，因为这些艺术形式都能用颜色表现出它的美丽。

古代艺术家对蝴蝶的观察是非常仔细的，并总结了画蝴蝶的经验编成口诀留给后人，在《芥子园画传》、《三希堂画宝》中都记载着《画蛱蝶诀》：“凡物先画首，画蝶翅为先。翅得蝶之要，全体神采兼。翅飞身半露，翅立身始全。蝶首有双须，嘴在双须间。采香嘴则舒，飞翻嘴连拳。朝飞翅向上，夜宿翅倒悬。出入花丛里，丰致自翩翩。有花须有蝶，花色愈增妍。浑如美人旁，追随有双鬟。”

蝴蝶作为印章上的装饰题材，本人还未曾见过，我也是第一次用它作为题材创作，经过设计、雕刻、抛光后，一只款款低飞的花蝴蝶出现在印章之上，蝴蝶是用料皮部分刻的，抛光后不太亮，正好与真蝴蝶翅膀一样，而章身上的白色花斑经抛光后愈加明显，自然形成了一簇簇盛开的小白花，与蝴蝶形成了鲜明的对比，收到很好的艺术效果，因此就用古代词牌为这块俏色印章定名为《蝶恋花》。

螳螂

高 7.6 厘米，长 2 厘米，宽 2 厘米

市场地摊上的石章堆里，有一块极普通的青田石章料，章身为紫棕色，上有砂斑，章料的顶端有一块斜向的黄绿色，就冲这块颜色，被我相中了，我用极低的价钱把它买了回来。

摆在桌上很久都没想好设计什么。大概是缘分来了，有一天出门一只黄绿色的螳螂飞落在我身边，我灵机一动，蓦然想到那青田石上的黄绿色不是正和眼前这只螳螂的颜色差不多吗，我感谢这只螳螂，是它给我送来了创作题材，于是我把它放在树干上赶紧回家，进门后拿起笔在这块黄绿色料上依其形、顺其势画了一只举着双臂向上的螳螂。

我对螳螂非常熟悉，年轻的时候没少对它进行观察、写生。螳螂是一种非常凶猛的昆虫，它的两只前足如刀如斧又如锯，所以俗名叫“刀螂”，它不但捕食比它个小的昆虫，而且还敢捕食比它个大的昆虫，“螳臂挡车”、“螳螂捕蝉，黄雀在后”等成语都从侧面反映出它的一些习性。

从观赏的角度看，螳螂的体形、颜色都很美，所以它很早就成为艺术创作的题材，河南安阳殷墟妇好墓中就出土了一个玉螳螂，这个玉螳螂用意象、夸张的手法，只雕出头、颈和身子与两只勾着的前臂，没有腿，突出表现螳螂威猛的神态。以后它的形象多出现在国画中。

要想画好、雕好螳螂必须掌握住它的形神。关于这一点，古人早已

将它的形神总结成口诀，《芥子园画传 · 画螳螂诀》写道 ：“螳螂物虽小，画此宜威严。状其攫物时，望之如虎焉。双眸势欲吞，情形极贪馋。所以杀伐声，形诸琴瑟间。”这把螳螂捕食时的威猛形神真实、生动地勾画得淋漓尽致。

虽然我画过很多螳螂但一直没有雕刻过，这次我把它雕刻在印章上，是用写实的手法，充分利用这块料色，除了螳螂之外，把其他多余的黄绿色料都刻掉，一只黄绿色的螳螂活灵活现地落在了紫色的印章上面。

蚂蚱·甲虫

蚂蚱：高 6 厘米，长 2.3 厘米，宽 3 厘米
甲虫：高 6 厘米，长 2.1 厘米，宽 2.5 厘米

在工厂的废料堆里，发现了一块黑色的石头，上面要是没有这一层黄色的皮，一定会认为它是块煤矸石，卖料的把它饶给了我。

我把这块石料锯成两块方形章料，每块上都带着一块黄皮，这颜色让我想起有一年为了喂养画眉鸟，用麦麸养了很多“面包虫”，这虫刚蜕变为成虫时正好与这层黄皮的颜色一样，受它的启发又想起小时候捉到的一种土蚂蚱，也是这种颜色，于是就在这两块章料上利用黄皮雕出这两种昆虫。

抛光后，我把这两块俏色印章放在地上，又把养的一只红子（学名沼泽山雀）从笼里放了出来。那鸟飞落在章上就啄这个啄那个，发现上当以后，委屈地飞回笼里落在杠上，我再给它一条真虫它都半天没吃。

天牛

高 8 厘米，长 3.3 厘米，宽 3.3 厘米

这块巴林石料锯成方形印章后，下面是白色的冻，上面有一层浅棕黄色，界线分明，顶端有一块呈“T”形的灰黑色。

怎样利用这些颜色的石料设计出俏色印章，特别是这块“T”形的灰黑色设计什么成了个难题，看着这块章料很多日子都想不出合适的题材。

有一天整理书籍时偶然发现了一张四十年前我画的草虫速写，其中有画的几只天牛，我眼前一亮，自言自语地说：“好，就用它做这块料的设计题材。”

由于农药的使用，天牛已经很少见了，因为它是树木的主要害虫之一，它的幼虫因蛀食树木所以又叫“锯树郎”。天牛的种类很多，大、小、颜色各有不同，我画的是一种常见的，叫作“星天牛”。它的体形呈长椭圆形，黑色的鞘翅上有白色的斑点，头部长着一双比身子还要长很多的触角。不管是飞还是落都很好看。

小时候逮住天牛就用线拴住它的脖子，另一头拴在小棍上抡着让它飞。不过必须小心，它有一双像老虎钳子一样的大牙，一口能把皮肤咬破，为了不让它咬到手，有时我们用剪子先剪掉它一个牙，再玩就安全了。

人们以昆虫的生活习性给人类带来利益或危害为标准，将它们分为“害虫”和“益虫”两大类。天牛无疑被列入害虫之类。但作为艺术创作

题材来说是没有“害虫”、“益虫”之分的，选择进入艺术创作题材的标准是看它的外形和颜色是否美丽，按这个标准要求，天牛是能入选的，前面说到元代画家钱选的那张《草虫图》中就画了天牛，但雕刻艺术品中目前还没有见到过。

这块章料上的“T”形灰黑色太适合做天牛了，“T”形的一横很长，正好设计成一边一根的长触角，那一竖较短，正适合做它的身子，真乃是“天赐我也”。

艺海拾贝

从左至右：高 4.5 厘米，长 1.7 厘米，宽 1.7 厘米；高 4.5、长 2.7、宽 1.7 厘米;高 5 厘米、长 2.5 厘米、宽 2.5 厘米;高 9 厘米、长 3.6 厘米、宽 3.6 厘米

这是一块没有锯开的巴林石原石，锯到一半的时候我感觉遇到了砂石，锯开一看，果真有一道宽窄不齐、灰白中夹着斑纹粗糙的砂石横在这块料的中间，正好把石料平分成两半，如果把中间的砂石锯掉，哪边都剩不了多少好的地方，无法再出印章材料，这真是一块典型的“下品”料，按常规也就当成废料扔了。

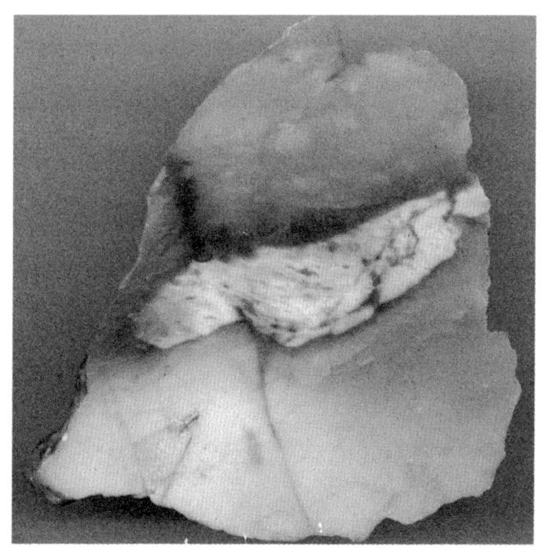

“艺海拾贝”设计前的石料，中间一条灰白色为砂石

我没有舍得把中间的砂石锯掉，想用它设计出俏色的东西，但很长时间都没想出合适的题材，只得把它放在桌面上整天看着它，心里想着它，连吃饭、走路都琢磨着它。

有一天边吃饭边看着电视，正当电视画面中出现海边景色时，我心中一亮，忽然想起那块料中的砂石，那颜色、那质地、那手感多像我在海边捡的那些贝壳啊，与此同时头脑中又浮现出各种各样贝壳的形象。

创作的灵感来了，多香的饭菜也不吃了，放下碗筷，拿起料和笔设计起来。

根据石料的大小，砂石的形状、宽窄、深度及绺的走向，分别设计出四块大小不同的印章，每块印章的顶部都各有一个不同的贝壳，那贝壳就是利用料中砂石设计的。

经过抛光后，深色光亮的章身衬托着灰白无光的贝壳，显得十分俏丽，很多人看了都以为是用真贝壳粘上的，想用手去摸。这块“下品料”、“废料”经过创作，艺术加工后变成了“上品”、“绝品”。我给它们取名为“艺海拾贝”。

小龙虾

高 5 厘米，长 7.5 厘米，宽 3.5 厘米

这是一块被人锯剩下的寿山石料头，从正面看呈近似底边长的直角三角形，白色之间夹着一条上宽下窄的紫红色，色带中含着白色斑点。

根据料形只能出一块随形章料，中间的紫红色将是这块俏色印章的主要设计对象，经过多日的思考，让我想起多年前曾养过两只小龙虾，它举着两只张开的大螯钳向我示威的样子让我记忆犹新，它身上的颜色不正好也是紫红色中有白斑点吗，于是我就在这块寿山石中的紫红色上画了一只刚从水里钻出上半身的小龙虾，虾头和一只螯钳、后背都露出水面，尾巴还在水里，顺着那些黄色刻了些水花，下面那块小砂石刻成了水边的石头。

用虾作为艺术创作题材的祖师爷就得数齐白石老先生了，他画的虾概括成两个字："活了"。作为艺术印章雕刻，历史上还没见过谁用过它，这次我是被这块料"逼迫无奈"只能依料形、顺其色设计这个题材了。

海边沙滩

高 9 厘米，长 11.5 厘米，宽 11 厘米

一块被锯下的巴林石冻料的料头，因为这上面有一层不透明的黄色，黄色上面又有一块不规则的青灰色，这些都属于这冻料中的“杂色”，这块“宝”让我给淘来了，同时也给我自己出了一个难题。

这块料块头不算小，如果把它锯成方形章料，我又舍不得上面的“杂色”，只能不动一锯顺其形做随形章料了。

怎么利用好这块三色料？设计什么？左一个方案推翻，右一个题材否定，那些日子在我的脑子里自己和自己打起仗来，题材定不下来，往后的事就没法继续干，心里有些着急。

一时想不出好题材，索性先不想了，顺手从书柜中抽出一本看了不知道多少遍的《聊斋志异》来换换脑筋，当看到《促织》那篇时，看到里面写道“……村中少年好事者，驯养一虫，自名蟹壳青……”时，我停住了，心里一震，“蟹壳青”，那块章料上的青灰色不正是“蟹壳青”颜色吗？扔下书又拿起那块章料仔细端详起来，看着看着，两只“蟹壳青”的螃蟹仿佛出现在那块章料上，与此同时头脑中又浮现出当年在大海边上逮螃蟹的情景来。

下面的黄色多么像含水沙子的颜色，再往下残留的冻料自然就成了混浊的海水了，设计方案就这样确定下来。

螃蟹作为艺术创作题材历史上还不多见，可能与虾一样，多见于齐白石的国画之中。

这块随形印章雕完之后，两只“蟹壳青”的螃蟹正好刚从湿沙洞里钻出来，边上的海水不断地冲刷着它们，使它们壳上没有一点沙子，干干净净。三种颜色巧妙地运用上了，一幅颇具情趣的海边小景生动地浮现在这块俏色印章之上，就给它取名“海边沙滩”。

横行到头

高 4 厘米，长 6.5 厘米，宽 2.8 厘米

又是一件以蟹为题材创作的俏色印章，创作于三十多年前。一块“荞面地子”的巴林石料头上有几块零散的朱红色，料形只够出一件随形章料。

料上的这几块朱红色适合设计什么呢？当时没有想出什么合适的题材来，只好暂时放下。

有一天听到半导体收音机里正在播放刘宝瑞的单口相声《解学士》，说到那位身穿大红袍、心胸狭窄的宰相出对联骂穿一身绿衣很有学问的小孩子，他出的上联是“井底之蛙一身绿”，小孩子回了下联是“锅中熟蟹披大红”。

正是这句“锅中熟蟹披大红”提醒了我，料上那几块朱红正好能设计几只熟螃蟹。于是我利用朱红色设计了一盘熟蟹，四只大的，其中一只肚子朝上是只团脐的，其他一些零散的小块颜色就做了一只小的和一些碎蟹腿和钳子之类，边上还有一个酒瓶。

齐白石曾在日本侵华时期画了一张螃蟹，上题“看你横行到几时”。这块印章上的螃蟹既然已经熟了成了下酒之菜，它们也就“横行到头”了，这正好可作为这块俏色印章的名字。

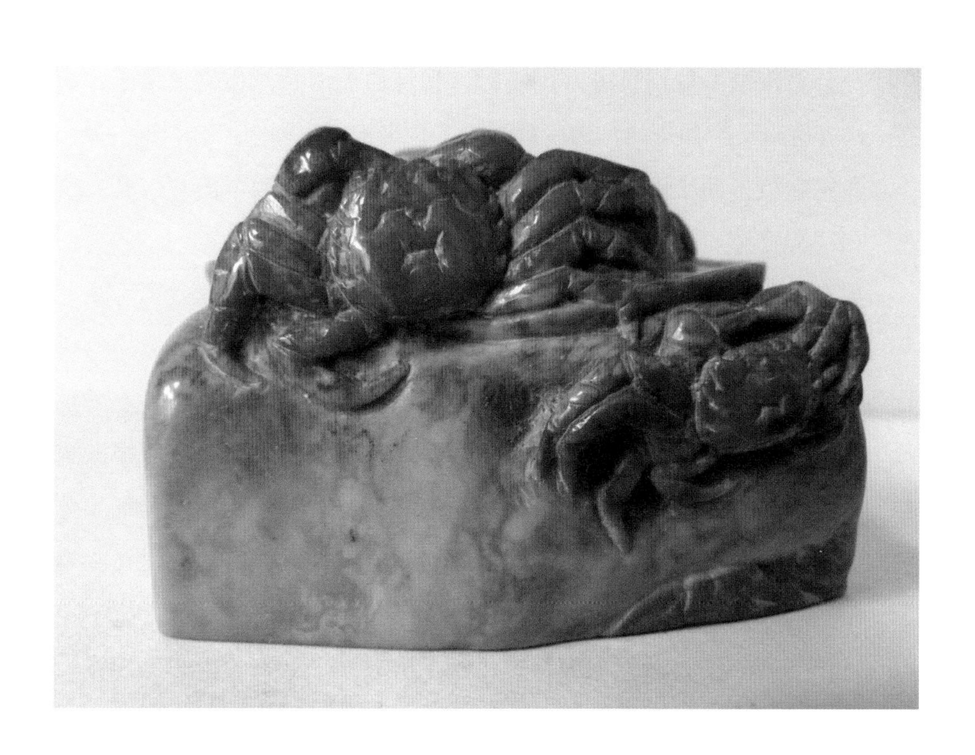

听取蛙声一片

高 8.7 厘米，长 2.1 厘米，宽 2.1 厘米

一位石友锯一块白色的寿山石时，把纯白无瑕的一边锯下拿走，把另一边带黑点又带砂斑的作为废料扔进了垃圾堆。

我把它捡了回来磨成一块方形章料，这块章料的四个面都带有“杂色”和“杂质”。

放在桌上苦思冥想，半年多的时间都没想出题材，可把我憋坏了。

有一天和几个老友在家聊天时，聊起我们小时候在护城河边捞蛤蟆骨朵儿（蝌蚪）的事，我忽然想起那块寿山石，眼前一亮，石料上的那一个个黑点一下子变成了一个个小蛤蟆骨朵儿活了起来。我当即中断了和朋友的聊天，马上拿起石料和笔进行设计，依照料上小黑点的形状分别设计出动态各异的小蝌蚪，有的甩着小尾巴在游动，有的依附在水草上。那一粒粒的小砂斑，我只在它周围勾了一个圆圈，砂斑就变成了没孵化的蛙卵，在一块像墨洇的黑上又画了半只游动的青蛙。半年多没设计出来的东西，灵感一来连设计带刻半个多钟头就完成了。这块既有杂色又有杂质被人丢弃的“下品”、“废料”顿时成了一幅人工与天然结合、无法复制的“水墨画”。

给俏色艺术印章取名，就像在画上题字那样重要，给这方印章取名时我想起了齐白石画过的一张名画，画面上一条急流的山泉中有一群顺

水流着的蝌蚪，名叫“蛙声十里出山泉”，这幅画的画面上并没有青蛙，但有蝌蚪必然就有青蛙的存在，也必然能听到青蛙的叫声。

受这幅画的启发，我给这方印章定名为《听取蛙声一片》，是出自辛弃疾的《西江月 · 夜行黄沙道中》的一句。

后来，那天聚会的朋友都说我那天“犯病”了，而那位扔料的石友见到这方印章后，后悔得连拍脑门带跺脚。看来搞艺术创作的人大概多多少少都有点“精神不正常”吧。

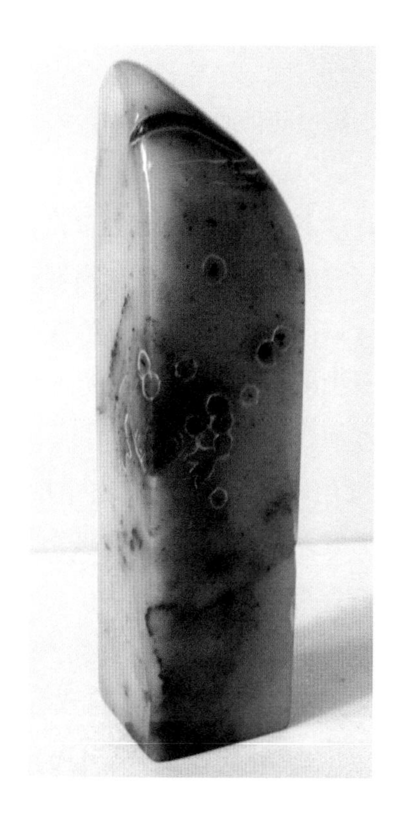

皆若空游无所依

高 7.5 厘米，长 11.5 厘米，宽 7.5 厘米

这块被锯下的巴林石料头是块立性料，顶端有一块上窄下宽的很透亮的红色冻，按理说本不应该锯下的，就是因为在这红的下面又夹杂着一条黄色的硬砂石，将这块红色冻与下面好的质地隔开，可能是设计者没了办法才把这边锯掉，把好质地的料取走。

他这样一锯省了我的事，就利用这锯出的平面作为印面，上边就形出了一块随形章料。

上边的红色料比较好设计，关键是这条黄色砂石如何处理，必须用它设计出与上下都有连带关系的内容。想了很长时间也没想出合适的题材来，我只得改变思考的方向，正面攻不下来，改侧面攻。我改用先把那条黄砂石刻出来再抛光的办法，看看效果再决定题材。经抛光后发现它不但能上亮，而且很像阳光在水中波动的样子。这提醒了我，利用上面红色设计成一条游动的龙睛鱼，前面的一小块红设计一条小草金鱼，雕完之后，这一大一小两条红鱼浮在印章之上，那条黄砂经抛光后宛如太阳的光影，透过水的折射，在水下石头上正在抖动，让人感到水清澈见底，鱼就像悬在空中一样。红色的鱼、金色的阳光落在下面的石头上，层次分明，那意境真像柳宗元在他的《小石潭记》中描写的那样："皆若空游无所依"。

金鱼

五花水泡：高 7 厘米，长 8 厘米，宽 5 厘米
龙睛鱼：高 6.5 厘米，长 2.8 厘米，宽 2.8 厘米

用金鱼作为艺术创作题材多见于国画、刺绣等艺术形式之中，因为金鱼不只是形象、动态美，更有漂亮的颜色，用这类形式表现最为适合，用雕刻形式表现，因为没有颜色对比往往不能充分显示出它的色彩之美，而俏色雕刻就恰好弥补了这个缺欠，这也正是发挥了含有“杂色”的“中品”料的长处，是颜色纯正的“上品”料无法替代的。

金鱼，又叫金鲫鱼，是由鲫鱼经过人工培育不断杂交筛选演变而来的观赏鱼类，是我国的特产。金鱼的品种多，按其形分为三大类：一类是文种，体形与普通鲫鱼相似，尾鳍分叉各鳍发达，体形像“文”字形。二类是龙种，两眼突出，尾鳍分四叶，品种有各色龙睛鱼。三类是蛋种，体圆无背鳍，品种有蛋球、虎头、丹凤、水泡眼等。各种金鱼颜色非常美，有红、橙、蓝、古铜、墨、银白、五花等。

这次我遇到了两块带有杂色的巴林石料。一块是被锯下的料头，下半部分以乳白色为主，夹杂着一些棕色、粉红色的线纹，上面以褐色为主，中间含一些深棕和黄黑斑块。

顺料形设计成一块随形章料，那褐色部分正好与一种叫“五花水泡眼”的金鱼颜色一样，就用这部分料设计了一条游动的“五花水泡眼”金鱼，乳白色章身上的棕色、粉红色的线条纹一刀没动，自然形成了被

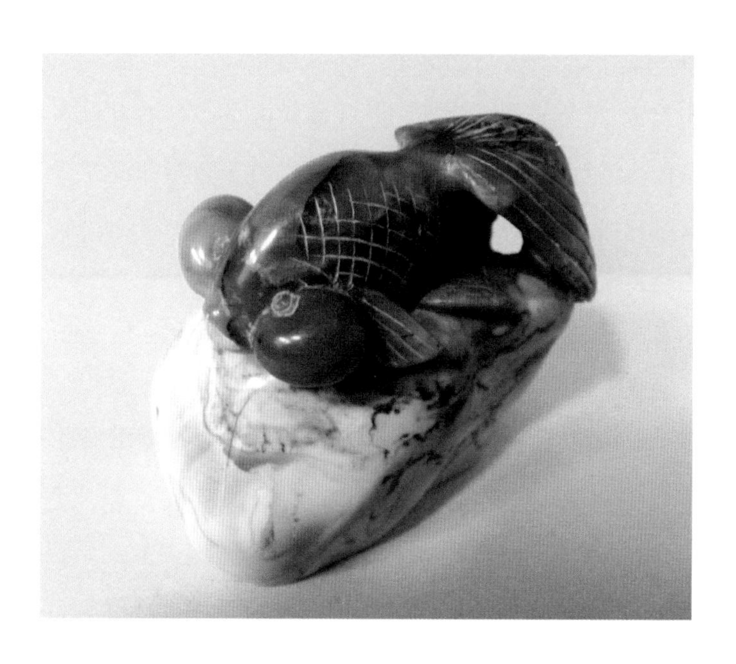

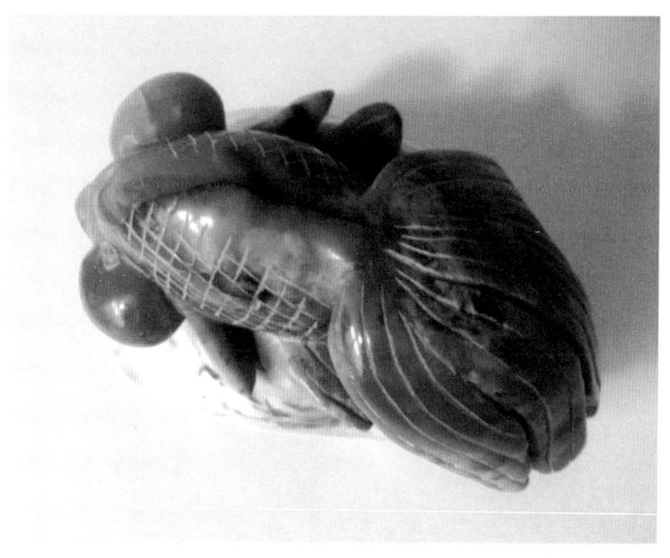

鱼鳍划出的水纹。

另一块料出了一块方形印章，章身是紫黑色中带有乳白色的花料，章身的上部有一块斜坡形的红色，上边色深，往下逐渐变浅红。

我利用这块红色的形状设计出一条扭动身子漫游的龙睛鱼，雕刻时把两种颜色过渡的地方尽量剔空，使两种颜色对比分明，上面红色的鱼与紫黑色的章身截然分开，红色较深的地方做鱼身子，下面的红色逐渐变浅，正好把鱼尾巴薄而透的质感表现出来。

年轻时对金鱼的写生与观察，现在也用在了俏色印章的设计上了。

跳龙门

高 8 厘米，长 1.7 厘米，宽 1.7 厘米

一条红色的鲤鱼跃出黄色的水面，向上蹿跳欲过龙门，水的下面连接着方形章身，章身上布满了深褐色杂乱的斑点，与黄色的水混在一起，十分自然，使水更有浑浊的黄河水之感。

龙门，指的是山西省河津县西北与陕西省韩城市东北的禹门口，这里是黄河晋陕峡谷的南端出口，黄河流经此地，水流湍急。两岸峭壁对峙，形如阙门，所以又叫“龙门”。《书 · 禹贡》载 ：“导河积石，至于龙门。”

相传大禹治水到此，见黄河被龙门山挡住，他用神力将龙门山劈开，开出龙门。

每年春天，大群的鲤鱼逆水而上，汇集在这里向上蹿跳。传说跳过龙门者则成龙升天，跳不过去者仍为鲤鱼。

后来，人们称读书之人通过科举考试得中为“跳龙门”或“登龙门”。所谓“十载寒窗无人问，一举成名天下知”，“一登龙门，身价百倍”。这也就成了封建社会中读书人的最高奋斗目标。人们都希望自己或后代登上龙门，光宗耀祖，享受荣华富贵。

这个题材出自中国吉祥图案之中。这件俏色印章就是用一块满是杂色和杂质的巴林石设计、雕刻而成的。经抛光后，鱼、水花和章身颜色对比鲜明俏丽，达到了很好的艺术效果。

国色天香

高 8 厘米，长 2.6 厘米，宽 2.6 厘米

一块黄褐色的冻料上边有一块质地非常好的红色，然而中间部位却夹杂着几块黑色，靠偏下部还有一块不规则的黄白色硬砂石。

可以看出这块料是与“皆若空游无所依”那块印章的料同是一块料，因为有这些杂色、杂质而被人同时锯下当了废料。

根据这块料的形状我把它锯成一块方形印章料，把那块红色留在了顶部的一侧，那几块黑色却露在章身的两个侧面，另两侧的下部露出了形状不规则的黄砂石，整个章料颜色特别花。磨完之后我把它放在桌子上，天天看着它，慢慢地想设计什么，题材很难定下来。

有一天读唐诗时，欣赏着刘禹锡的《赏牡丹》：“庭前芍药妖无格，池上芙蕖净少情。唯有牡丹真国色，花开时节动京城。”读着读着忽然想到那块章料，中间那几块黑色怎么看怎么像“三叉九顶”的牡丹叶子，那块红色正好是一朵牡丹花头的材料，与此同时脑子里浮现出每年四月中下旬的洛阳牡丹节与北京中山公园、景山公园、天坛公园里盛开的牡丹花，赵粉、大金粉、姚黄、魏紫、二乔……想起“牡丹仙子”公然抗拒武则天皇帝在十冬腊月让百花齐放的圣旨而被发往东都洛阳的故事，回忆起青年时代的我坐在牡丹花前写生的情景，至今还保留着一大批牡丹写生稿。

料上那块红色，用高浮雕的方法雕出一朵将要盛开的牡丹花，那几块黑色用浅浮雕勾勒出牡丹叶子，很像在生宣纸上点出，边缘还有点洇出的效果，那些不规则的黄白砂石，没动一刀就非常像牡丹花旁边奇形怪状的太湖石。

因为牡丹花是我国的国花，在百花之中只有她有雍容华贵的气质，所以我给这方章定名为“国色天香”。

漫说陶潜篱下醉

高10厘米，长4.2厘米，宽4.2厘米

又是一块更花的巴林石料，料中含有多种颜色，粉红色里夹杂着黑、黄、白、灰等，而且界线不清，同一种颜色里也有深有浅。其中的黄色、灰色是硬质的砂石。

几位石友看过后都叫它“大花瓜”，说它“没法用”，是块“废料”，这块料被人判了“死刑”。

我没有执行这个“判决”，而是把它锯成一块方形章料，先在下面没有硬砂的地方锯出章面，这样就保证了印章篆刻的实用性，因为章面上有硬砂石就没法篆刻印文，把一切杂色、杂质都留在章体的上半部分，以便下一步考虑设计什么题材的问题。

面对这么多的杂色、杂质交错在一起的料怎么办？朝哪类题材方向去考虑？是花鸟还是鱼虫、动物……一时脑子里翻动起来，很难定下题材，忽然想起石友们称它是“大花瓜”，这句话提醒了我，它不是“花”吗，我顺着这个思路去考虑题材，“以花就花”，设计以花为内容的题材。大的方向定下来了，具体设计什么花又成了难题，是陶渊明的“采菊东篱下”这一诗句告诉了我设计菊花。根据这块料上颜色多而碎小的这一特点，决定设计野菊花或凤尾菊，因为这类菊花花朵小而多，并且颜色多样。于是，把料上的黑色都设计成叶子，其他颜色都设计成花朵，更小块的颜色设计成花蕾。这样印章的顶部就被五颜六色的小菊花盖满，边上还有下垂的花枝花朵。

面对着这块雕完的印章，我仿佛看到田野里、山坡上一簇簇盛开的各色野菊花和庭院中、竹篱下的凤尾菊，这秋意浓浓的景色令我陶醉于大自然和艺术美之中，不由得背诵起王昌龄的诗句：“漫说陶潜篱下醉，何曾得见此风流。”

安居乐业

高 13 厘米，长 3 厘米，宽 3 厘米

“安居乐业”是中国老百姓自古以来的企盼，这个词最早见于《后汉书·仲长统传》：“安居乐业，长养子孙，天下晏然，皆归心于我矣。”两千年来人们不但经常把它挂在嘴边，而且很早就用艺术形式，将其形象寓意化地表现出来，列入中国吉祥图案之中。人们用鹌鹑（安）、菊花（居）和落下的叶子（乐业）组成图案，在多种艺术形式中表现出来。

这是一块上等的巴林石冻料，半透明的灯光黄色，不过纯净的一边被人锯走了，只剩下这一边残留下的一点冻料，其他就是黑、灰、白斑和一层干黄砂皮的边角下料。依其形我把它锯成一块方章料，章体较高，从上到下杂色杂质占了多一半，冻料占少一半。这次我先把它抛光，为了让它的各种颜色、质地充分地显露出来，然后进行构思。

经过多日相这块料，终于找到了“突破口”，在章料的一面偏下的地方，有一块一边尖形的白斑，下面是很窄的黑灰色托着它，看上去很像个鸟的头，再往下是黑灰中有不规则的白斑点，其形象一只昂首朝天的鹌鹑，头、嘴、眼、脖子，前胸都是天然生成，但身子后半部分的轮廓不太清楚，就是这只鹌鹑让我想起了用“安居乐业”这个题材最为合适，因为除了这只鹌鹑之外，利用上面的黄砂皮可以做菊花，黑色可以设计成叶子，灰色部分依其形设计成石头，石头下边刻几片落下来的叶子，

鹌鹑身子的颜色界线不太分明就简单地补上两刀强调一下。这块印章整体构图自然和谐，所有的颜色全部巧妙地利用上了。我想被锯走的纯色冻料部分是绝对设计不出来这块俏色印章的艺术效果的。

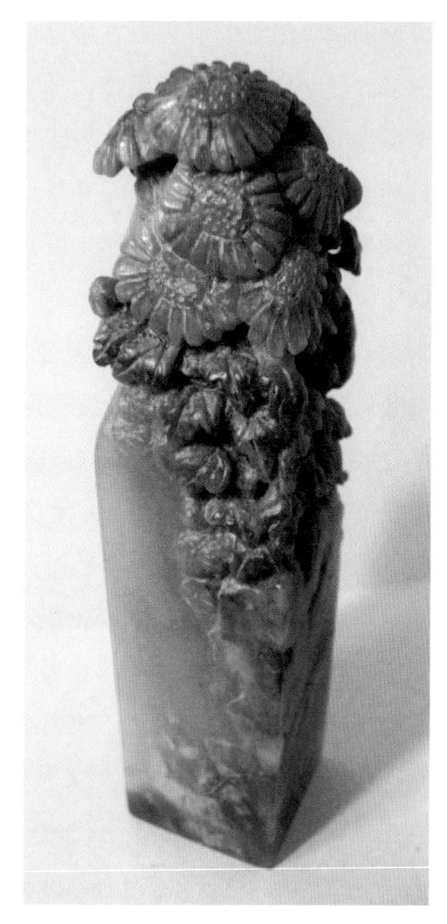

梅花

高10厘米，长1.5厘米，宽1.5厘米

一块豆绿色的青田石方形章料，质地很细腻，是块较好的章料，章身二分之一以上有一条黑色，一面色浅并且向外扩散，很像墨在生宣纸上洇出的样子，相对一面从顶部往下是一条比较细、向下延伸到章一半处的黑线，颜色较深，中间有断开的地方，总的感觉这两面的黑色像用墨画出的一样。就是这条黑色被我相中了，于是用很便宜的价钱把它从商店里买了回来。

放在桌上，拿在手中，反复地相它，看着看着，那条黑线变成了树枝，朵朵梅花仿佛从这“树枝”上长了出来……

我兴奋地拿起笔来，在这条黑线的两侧和间断的地方画出点点梅花，有疏有密，有含有开。然后拿起刻刀把这些花朵用浮雕的方法、国画写意的形式雕刻出来，那些梅枝一刀没动。一幅天然与人工结合的“国画水墨写意”梅花出现在豆绿色的印章之上，真可谓“犹有花枝俏”的意境。

梅花，在中国人的心目中是不畏严寒风雪、傲骨铮铮的君子之花，她与冬天长绿的松树、竹子被民间为誉为“岁寒三友”，与兰花、竹子、菊花被称为“四君子”，深受文人雅士的喜爱。在《芥子园画传》中单独列出《梅兰竹菊》一集，历代名画家中很多都是画梅花的高手。在民间艺术中也有很多用梅花作为题材的，如刺绣、剪纸、砖雕、木雕等，梅花可谓雅俗共赏。

这方印章雕好之后，花朵边上的刀痕没有抛光，露着白色的轮廓，与黑色的枝干形成了鲜明的对比，看上去有白梅的效果，更显得素雅、俏丽。

边款刻上了宋代诗人陆游《卜算子·咏梅》中的一句词：“无意苦争春，一任群芳妒。”

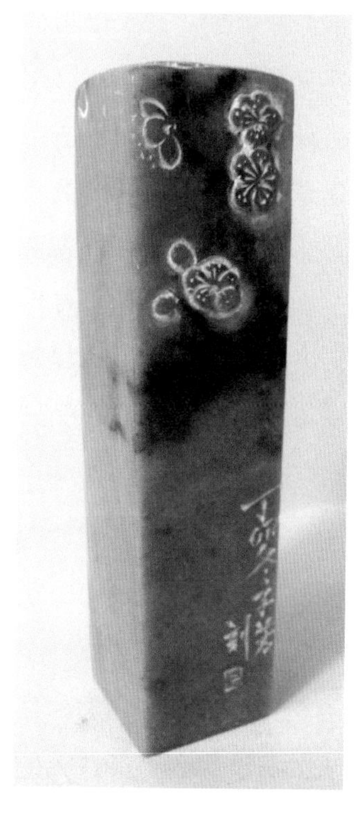

灵芝

高6.5厘米，长3.3厘米，宽3.3厘米

灵芝是一种菌类植物，野生在山地枯树根上。菌盖呈肾形，上面为红褐色，菌把较长，现在可以人工培植。灵芝可以入药，其性温、味甘，可益精气，强筋骨，治疗心悸失眠、健忘、神疲乏力等症。

由于产量稀少，古人把它神化成能起死回生、长生不老的仙药，因此又叫“灵草”、“仙草”。《白蛇传》中描写了端午节时白娘子因喝了雄黄药酒后现出大白蛇的原形而把许仙吓死，白娘子一人冒死去昆仑山盗取灵芝仙草又将许仙救活的故事，由此可见灵芝在人们心目中是何等珍贵。灵芝不但出现在文学作品中，同时也很早就出现在艺术作品之中，由于它的菌盖形状像云头，经过人的艺术加工、美化、因此在《中国吉祥图案》中经常出现，特别是把它的形象演变成一种象征吉祥的器物——“如意”，一种像灵芝头把长而弯曲的造型。

这是一块半砂性淡黄色为主的巴林石方章料，顶部呈现斜坡形，顶端有一小块薄薄的三角形含砂的红皮，章身底部一个棱边上有一条浅浅的黑色横向绺，绺的上面有一块上宽下尖三角形棕灰色砂石，根据这块砂石的形状，我把它设计成一个云头形状，用浮雕的方法刻成了一个图案化的灵芝。那条横绺自然而然地成了地面，这棵仙草就由这地面上生出，四周的石纹颜色还有放光的效果，这更增加了这棵灵芝的仙气。章

顶上那块薄薄的红皮，就照着我的书架上摆着的一个真灵芝，用写实的手法刻出一个灵芝。两棵仙草上下呼应组成了这方仙气十足的俏色印章。

霜叶红于二月花

左：高6.6厘米，长2.5厘米，宽1.5厘米
中：高7厘米，长1.8厘米，宽1.7厘米
右：高6.5厘米，长1.8厘米，宽1.8厘米

这三块印章为一套，一块方章、两块扁方章，都是巴林石料，但不是一个矿坑出的。

三块章料都是被锯下的料头出的，上面都残留着薄薄的一些红色，其中一块还有点橄榄绿色。这层红色太薄而且又依附着料形的走向，想了很多题材都不太合适。看着这三块章料上的红有深有浅，忽然想起了杜牧的诗句“霜叶红于二月花”，这些红色很薄，正适合设计红叶，眼前又浮现出香山公园“层林尽染”的秋景。

红叶，泛指在秋天随着气温逐渐下降而逐渐变红的树木的叶子，树种包括枫树、黄栌、柿子树、爬山虎、火炬树等。

用红叶做创作题材多见于古代诗词、故事之中，如杜牧的《山行》，还有刘斧的《流红记》故事等。《流红记》又名《红叶题诗》，版本很多，其中之一是写唐僖宗时，宫女韩氏在一片红叶上题诗：“流水何太急，深宫尽日闲。殷勤谢红叶，好去到人间”。然后把叶子放入流出宫外的沟水中，被在宫外散步的读书人于祐捞出，于祐见到红叶上的诗后，觉得这么好的诗一定是一位有才学的宫女写的，于是他也找来一片红叶题写“曾闻叶上题红怨，叶上题诗寄阿谁？”然后将叶放进流入皇宫的水沟中。

多年后唐僖宗下令放三千宫女出宫，他二人喜结良缘，婚后都发现当年题诗的红叶。这个故事内容后来也出现在国画之中，如今玉器、象牙雕刻也常做《红叶题诗》的作品。

在印章上刻红叶我还没见过，因为不管刻什么红叶，必须有“红”才更好，这三块章料的颜色正好满足了这个条件。我把它们设计成枫叶，因为枫叶比黄栌叶、柿子叶等形状更美、更有变化。

端午

高 9.5 厘米，长 4.2 厘米，宽 4.2 厘米

这是一块褐色中夹杂着浅红和白斑的杂色方形巴林石章料，质地较好，顶端有一块红色，就在红色与章身之间却夹着一块灰白色的砂石，砂石中还有些半透明的黑褐色。大概就是因为这块砂石和料色太花才被锯了下来。砂石很硬，有的地方用刀子刻不动。如果把它锯掉，章身就会矮了很多，并且也会把上面的红色一起锯下，光剩下面的花色料了。

看来这块章料设计的关键就是如何把这块砂石利用好。必须从这里突破才能决定下一步的设计内容。就这样，这块章料被放在桌子上很长一段时间我都没想出好的办法。

端午节快要到了，小区大门口一棵大桑树上结满了紫色的桑葚。看着这些快熟的紫色桑葚，忽然创作的灵感来了。我想起章料上的那块砂石多么像熟透了白桑葚的颜色啊，特别是砂石上的那些半透明黑褐色，更像白桑葚上熟得快要烂了的颜色，也是白桑葚熟到最甜的时候才有这种颜色。

我赶紧跑回家，拿起笔根据砂石的形状、大小画了两个桑葚。又在那块红色上画出三个樱桃。雕好后经过抛光，那两个白桑葚质感非常好，给人感觉熟得似乎都要流糖了，边上那红得透亮的樱桃更加诱人。

这块让人“没法办”的砂石终于成了这块印章上最出“彩”的东西。

因为桑葚和樱桃都是在端午节前后才成熟上市，是端午节的时令水果。人们看到这两种水果上市了，就知道端午节就要到了，因此这方俏色印章就叫“端午”。

玉米熟了

高 9.5 米，长 2.2 米，宽 2 厘米

一块上半截是黄色，下半截是灰色，颜色界红分明的巴林石方形章料被我拿在手中反复端详。像这种颜色各占二分之一的料不太好设计，把哪头的颜色去掉一些都舍不得。怎样把这块黄色一点别浪费全部都用上成了难题。

正在犯愁的时候，老伴端上来刚刚煮熟的玉米，一股玉米的香味飘满屋内，也打断了我的思绪。我放下章料伸手去拿玉米时，手忽然又停住了。这哪里是给我送玉米，分明是给我送创作题材来了。想到这里，多香的玉米也顾不上吃了，回手又拿起了那块章料……

没过几天，一个黄色刚刚煮熟还带着苞皮的石雕玉米单摆浮搁地出现在灰色的章身之上。从苞皮中间露出的那一排排鼓鼓的玉米粒似乎还在散发着那天的香味。

像以这种生活中不起眼的东西，特别是农产品，作为创作题材，在文人艺术中是很少见的。在文人雅士的眼中这些都是难登大雅之堂的东西，只有贫寒出身的齐白石作品中经常出现。这次我把玉米搬上了印章，这也是第一次。

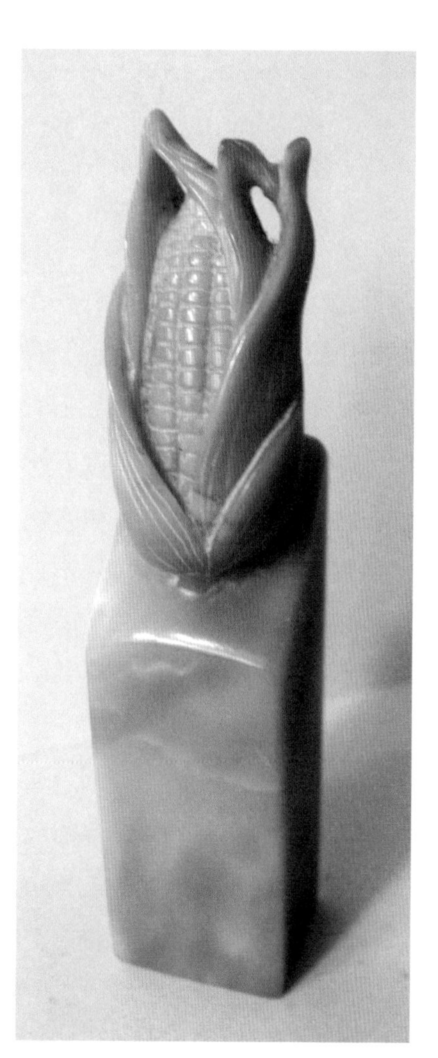

葡萄

高9厘米，长4厘米，宽2.3厘米

朋友们都知道我喜欢玩“次料”，是个“废料”堆边上的“拾荒者”。因此常有人把他们不喜欢的或者认为没用的东西送给我。这次一位同学把一块灰白色中有些干黄色、中间又夹杂着一块紫中含白而且颜色之间的界线模糊不清的巴林石杂色料送给了我。

我先把边边沿沿的地方去掉，锯出一块方形章料，又把各种颜色之间界线不清的“过渡区”料去掉一些，这样各种颜色之间对比就清楚了一些，在这个基础上再考虑设计题材。

这料上的那块紫中含白颜色做什么好呢？窗外的葡萄架提醒了我，那块紫色正适合设计成一串熟了的葡萄，紫色中包含的白色自然成了葡萄珠上的白霜，黄色做成了叶子。

葡萄，这种从西汉时期就从西域传入中原的水果，不仅人们喜欢吃它，而且很早就成为艺术品的创作题材。唐代的铜镜中有一个品种叫作“海兽葡萄镜”，就是用葡萄作为装饰的，以后的国画中经常有画葡萄的。

在印章装饰题材中还没有见过，这次是因为这块紫色，才引导我把它雕刻在印章之上。

凌云志

高 9 厘米，长 2.5 厘米，宽 2.5 厘米

一块粉红色的巴林石方形章料，顶端有一块灰黑中带白、斜坡形的杂色。如果按常规把它锯掉，原本合适的章身就会变得很矮。为了能把这块颜色用好，我颇费了一番心思。

看着这块灰黑带白的颜色觉得很像雏鸟毛的颜色，又根据这块颜色的形状，我把它设计成一只展翅欲飞的雏鹰。别看它现在羽翼未全，但它却昂首眼望蓝天，心怀凌云之志，终有一天会展开双翅冲向云天。

记得年轻的时候，在动物园中画鹰，看到那些被囚禁在大罩棚之内的雄鹰，总是昂着头目光炯炯望着青天，虽然有翅难展但看得出它们的凌云志丝毫不减。面对它们我常背诵起高适的诗句："寄言燕雀莫相啅，自有云霄万里高。"盼望着有一天它们能冲破牢笼飞向蓝天。

鹰，早在新石器时代就成为中国先民艺术创作的题材。1955 年在陕西省华县元君庙仰韶文化遗址中就出土了一个造型生动、线条优美、神态十足的陶制鹰鼎。以后在各种工艺品中都有以鹰为题材的作品，特别是国画花鸟中鹰成了一个重要的创作题材，很多古今名画家都画过鹰，如现代的高剑父、徐悲鸿、李苦禅、吴作人等。

鹰属于猛禽类的鸟，它的喙和爪都有尖勾，眼窝深，眉骨突出，嘴裂较长，一般可到眼廓前或眼珠的垂线下。画鹰或雕刻鹰时要抓住这些

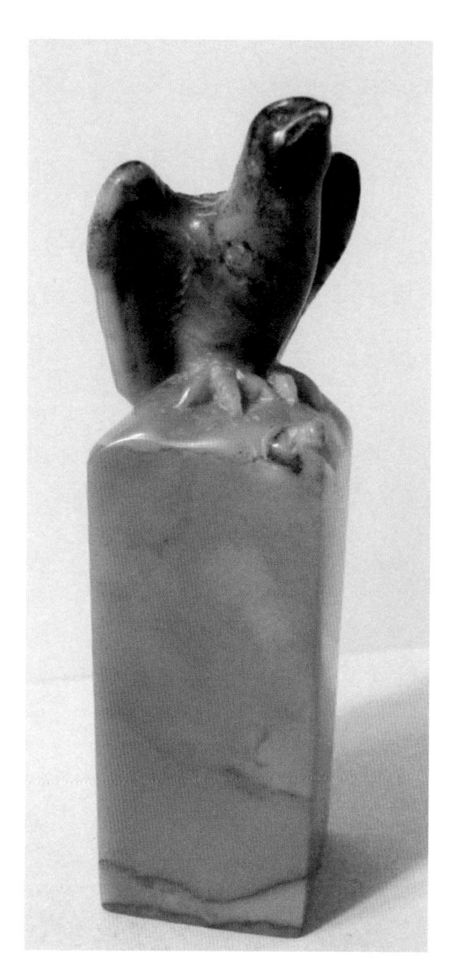
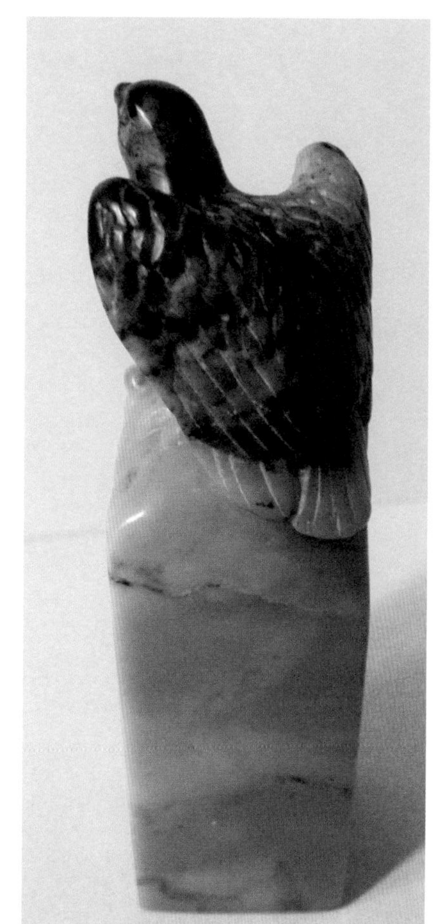

特征进行夸张，使其比生活中的鹰更加凶猛、传神。这方俏色印章就是用这样夸张的手段进行创作的。

三口之家

公鸡：高 10 厘米，长 2.5 厘米，宽 2.2 厘米

母鸡小鸡：高 7.7 厘米，长 3.8 厘米，宽 2.2 厘米

这是一组两块印章，是从同一块斜边料上锯出来的，因此一高一矮。这块料的边上有一层红皮，下面逐渐变黄，再往下逐渐变白，白中含有砂石。我把这两块章并排放在桌上，天天看着它，考虑设计题材，心想还必须让这两块料设计的内容有联系才好。

有一天一个朋友一家三口来访，可巧的是这夫妻二人和孩子都是属鸡的。在和他们聊天的时候，偶然看见了桌子上的那两块章料，心里一动自己笑了起来。别人不知道为什么，我也没作解释，接着又和人家聊了起来。

待送走朋友之后，我拿起这两块章料自言自语地说："就拿他们三口作题材。"于是拿起笔在那块高的料上画了一只伸着脖子打鸣的大公鸡，又在那块矮料上画了一只母鸡带着一只小雏鸡。公鸡和母鸡的冠子和脸都是红色的，身子上面是黄色往下逐渐变白，下面就是章身，那只小雏鸡全身都是黄色。

就这样两块章料上的全部颜色全都恰当地利用上了。两块章的设计也成为一体，就定名为"三口之家"。

用鸡作为印钮的很多，因为十二生肖中有鸡。这次就是因为朋友一家三口都属鸡而提醒了我，这两块章料的颜色可巧又适合设计鸡的题材，

所以才这样设计的，这可能也是缘分。

鸡是人们常见的饲养禽类，人们不光是为了吃它的肉和蛋，古人还用公鸡打鸣来报晓司晨，直到钟表进入了寻常百姓之家后，它才完成了这项历史使命。鸡还在天宫里当了“官”。《西游记》第七十三回中就描写孙悟空为降伏蜈蚣精救他的师父和师弟，去紫云山千花洞找“毗蓝菩萨”帮助。这位菩萨就是一只老母鸡的化身，他的儿子就是天宫中的“昴日星官”——一只大公鸡。

当然，这不过是神话故事。但人们用它作为艺术创作题材还有一个缘由，就是“鸡”与“吉”是谐音，象征“大吉”、“吉祥”的意思。另外鸡头上有冠子，“冠”与“官”又是谐音，所以它很早就进入了中国吉祥图案之中。比如，画一只公鸡站在石头上打鸣，叫做“室（石）上大（打）吉（鸡）”。画一只公鸡上面有一枝鸡冠花，寓意“官（冠）”上加官（冠）”。画一只公鸡和一只母鸡加上五只小鸡叫作“教五子”，寓意《三字经》中的“教五子，名俱扬”等。这说明鸡这个题材是有文化内涵的。

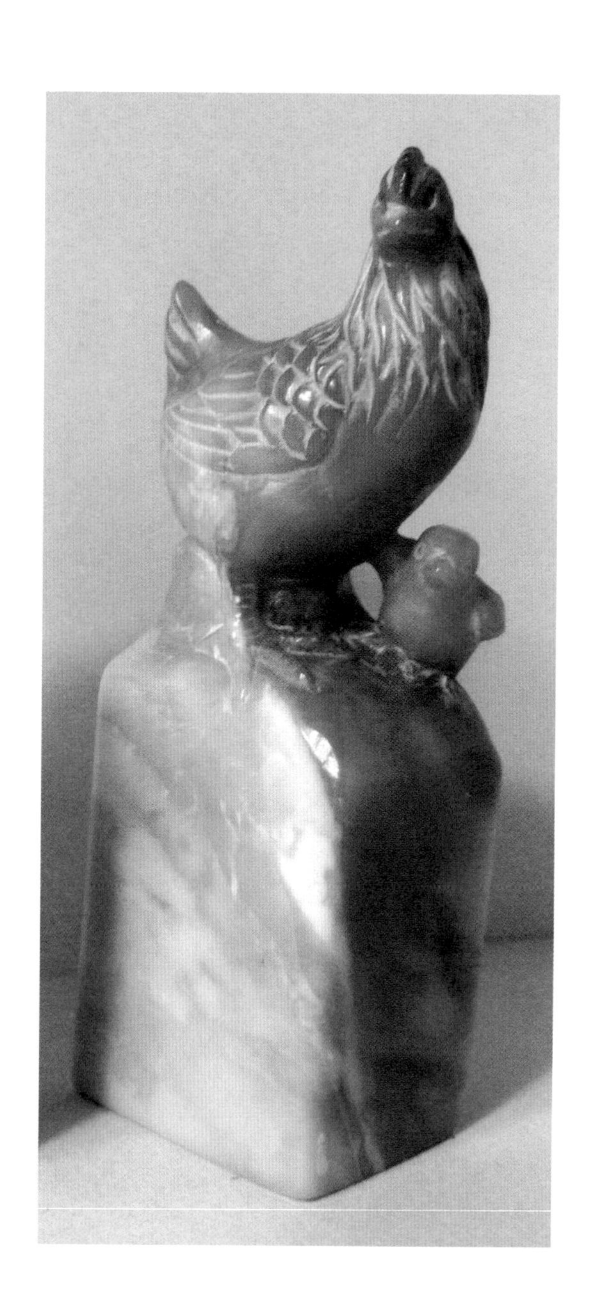

雏鸡与小虫

高 3.5 厘米，长 2.4 厘米，宽 0.8 厘米

这块扁方形的巴林石章料，长 2.4 厘米，宽 0.8 厘米，最高点 3.5 厘米。这么小而扁的料为什么还下功夫去雕它呢？那是 1981 年的一天，我去某工艺美术工厂办事，在厂大门口外的道边上看见地上有一小块用于镶嵌而被切成薄片的料头，显然这是倒垃圾时掉下的。深棕色的边上有一块黄豆粒大小的黄色，就冲这块黄色我把它捡了起来。回到家后锯成了这么小的一块章料，那块黄色就留在了顶部的一侧。

我利用这小块黄色设计了一只刚出蛋壳的小雏鸡，棕色的嘴和腿与黄色的身子形成了鲜明的对比。在小鸡的前面深棕色的章身上端夹着一条不到 2 毫米长半透明的白色，我把它周围的棕色料去掉，只留了一点，让这块白突出出来，用它刻了一条扬着棕色脑袋的小白虫与小鸡相互呼应。小虫望着小鸡显出惊慌失措的样子，小鸡看着小虫想吃它而又有些害怕。别看这块章个儿小，只要设计好，也能妙趣横生，把“废料”变废为宝，变成无法复制的绝品。

历史上用小雏鸡作为艺术创作题材的，大概就是齐白石老人了，他笔下那一只只活灵活现的小雏鸡给我的印象太深了，这块小小的俏色印章也是受他的启发才设计出来的。

水中捞月

高 7.5 厘米，长 2.5 厘米，宽 2.5 厘米

这是个老幼皆知的故事，一只小猴子发现水里的月亮影子，误认为月亮掉在水里，于是招来一大群猴子互相拉着去水里捞月亮。这虽然是故事，但生活中的猴子也的确如此，特别是幼猴有时分不清影子与实物。年轻的时候去动物园画猴子时，有时带块碎镜子片给小猴，它总是一手拿着镜子照自己，另一只手伸到镜子背面不断地去抓。我就是根据猴子的这种习性创作了这件俏色印章。

这是一块非常好的巴林石冻料，大半是灰黑色，上面有一块被锯下后残留的一小块棕黄色。这颜色和猴子的毛色一样。这块颜色的形状是上大下小而长，正好设计成头朝下、屁股朝上、倒趴在石头上伸着一只胳膊捞东西的姿态。猴屁股上还有一块不透明的棕色料皮，正好做了这只猴子的臀疣。

猴子是印钮雕刻常用的题材，因为十二生肖中有猴子。另外由于猴子聪明、活泼、好奇、模仿力强，深受人们的喜爱。特别是小说《西游记》家喻户晓，所以它很早就成了绘画、雕刻、戏剧等多种艺术形式的创作题材。

猴子望月

高 7.5 厘米，长 2.7 厘米，宽 2.7 厘米

一只母猴坐在地上，怀里搂着一只幼猴，娘儿俩同时抬头望着天上，好像在看月亮。母猴在给小猴讲故事：“月亮永远都在天上，绝对不会掉在水里……”小猴听得津津有味。

这是我在一块印章上刻出来的。这是一块红色上方发白、质地很好的巴林石，但上面有一块土黄色的砂石，就像嵌在章身上一样。

如果把这层砂石去掉，这块下脚料就会变得更小无法出方形章了。看得出来，当初就是因为这块砂而被人锯掉的，不如就利用这块杂质设计出情节内容。按这块黄砂石的形状，又受“猴子捞月”故事的启发，我就杜撰了这么一个故事。目的是让小猴多知道点知识，以免今后去干“捞月”的傻事。

因为这块砂石很薄，而且在章身的中间，所以只能用浮雕的形式刻出。

老君炉中的孙悟空

高 6.5 厘米，长 2.2 厘米，宽 2.2 厘米

一块以白色为主，中间含有黄、红、褐等的杂色巴林石下脚料被我锯成一块方形章料，顶部为斜坡形。就在这块章料的一侧偏上部分，有一块褐色像猴身子形，有胳膊有腿。这块褐色的上部棱角处有三个红褐色点，上面横排两个，下面一个稍大色浅。我在这三个色点周围刻出一个猴脸的轮廓，这样，上面两个横排点正好成了两只猴眼睛，下面那个稍大的色点处刻出了鼻子和嘴，形成了一个“火眼”的猴头，那块猴身子形的褐色一刀没动，和猴头连在一起正好是一只回着头的猴子。而这只猴子却被料上自然形成的火焰形的黄色、红色包围着，正在烈火中烧炼。它不是一只普通的猴子，而是齐天大圣孙悟空。那火也不是普通的火，而是太上老君八卦炉里的“真火”。正像《西游记》里诗句所描绘的：“炉中久炼非铅汞，物外长生是本仙”。

这块俏色印章具体雕刻时很省工，只有孙悟空的脸是简单地刻了几刀就完成了，很具象，其他地方全都靠石料上的天然颜色显现出来，一刀没动。有些地方比较抽象，留给人们更多的想象空间，如红、黄色的火焰，特别是那种烈焰中的感觉与气氛，要比用具象形式表现出来的艺术效果更好、更生动。

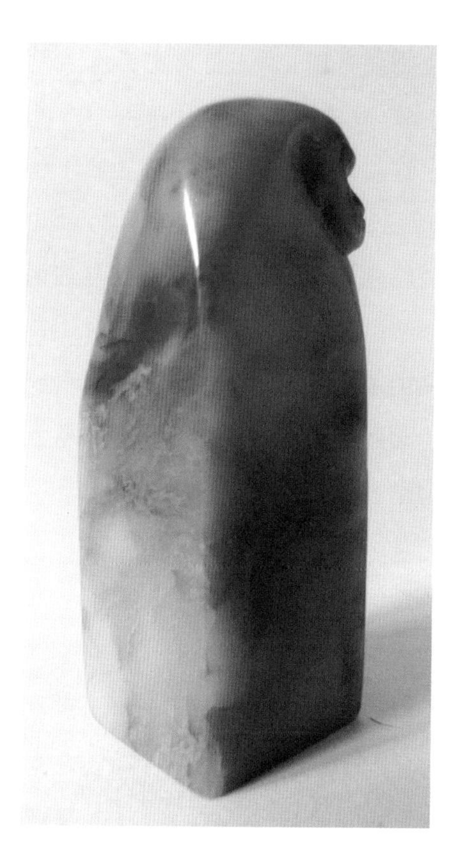

献寿

高 7 厘米，长 1 厘米，宽 1 厘米

一只小猴得到一个桃子，坐在地上刚要吃却又停住了，它手捧着鲜桃，眼望远处，想起妈妈的生日就要到了，应该把桃子送给妈妈……

这是用一块巴林石下脚料设计的，这块章料很小，是章面 1 厘米见方、高 7 厘米的长条料。别看小，颜色却很多，顶部发白，往下变成褐色，褐色中一边颜色深，另一边较浅还带些粉色。再往下又变成白中带红褐线的颜色。

就是利用这些颜色设计了这只可爱的小猴。深褐色的身子从前胸到肚子逐渐变浅，手中捧着粉色的桃子，盘着腿坐在白中含红褐色的章身上。各种颜色分明，十分俏丽。这方俏色印章的主题是“百善孝为先”。

香蕉真甜

高 11.5 厘米，长 5.2 厘米，宽 5.2 厘米

这是一块很漂亮的红色巴林石，边上有一层棕褐色和一块黄色硬砂石。红色之中还有一些零散的蓝白色砂石。我量着这块下脚料的最大限度锯出一块方形印章料。把那层棕褐色和黄砂石留在章的顶上，准备用它们设计题材内容。用红色料做章身，从颜色比例上看，红色占了整个印章的四分之三。

看着这块棕褐色料的形状，决定用它设计一只趴着的猴子。题材定下来了，但这只猴子干什么呢，必须要有情节内容。我想起了在动物园里看饲养员给猴子喂食时的情景，那一群大大小小的猴子，见到食物后你争我抢，为了一块爱吃的东西互相追打的那一幕又浮现在我的脑海中。于是设计了这只刚刚抢到一个香蕉的猴子，它连皮都顾不上剥就趴在地上拼命往嘴里塞。两只眼睛瞪得圆圆的，时刻防备着其他猴子把香蕉从他手中抢走。后背上还有一小块黄色，大概也是抢食物时蹭上的香蕉吧。

猴子手中的香蕉和背上的那块黄，就是利用料上的黄砂石设计的。一块即有杂色又有杂质的料，一点没糟蹋全都利用俏了。同时也把猴子那种机警、贪吃的天性生动地表现了出来。

小兔与胡萝卜

高 7.5 厘米，长 2.6 厘米，宽 2.6 厘米

这是一块黑紫色中带灰白花纹、上面又有一条粉红色和一块白色的巴林石料，颜色很花，对比较鲜明。料的形状够出一块方形章料，黑紫色占了绝大部分，适于出章身。那条粉红色和白色设计什么题材内容一时还真难住了我。

有一次和一个捏面人的朋友聊天时，我回忆小的时候最喜欢当街捏面人艺人捏的小白兔吃胡萝卜，还让大人给我买了一个。想到这里忽然又想起那块章料的颜色。那条粉红色正好适合设计成一个胡萝卜，那块白色自然是设计小白兔的料了。雕完之后经过抛光，黑紫色的章身上边衬托着一只小白兔，它的身边有一个粉红色的胡萝卜，颜色对比鲜明，十分俏丽。

兔子的形象在艺术创作中作为题材历史由来已久，因为它很早就成“神”了。传说它来自于住在昆仑山的“西王母”身边，它的工作是为西王母捣制长生不死药。它又是月宫中嫦娥仙子身边饲养的一只宠物，《西游记》中还说它曾偷偷下凡要与唐僧成亲。“玉兔”还成了月亮的代称。《封神演义》中它还被姜子牙封为“长耳定光仙”。兔子由人间升仙之后又回到人间却变了一副模样，成了小孩子喜欢玩的“兔儿爷”。虽说是孩子玩意儿，却还享受神仙的待遇，每年农历八月十五中秋节还得给它上点供。

由此可见兔子在中国人的心目中早已超出了它的生命实体，上升到一种民族传统文化。兔子的形象很早就出现在汉画像石、玉器和其他雕刻作品、国画之中。用于印钮雕刻是因为它是十二生肖中的“卯兔”。

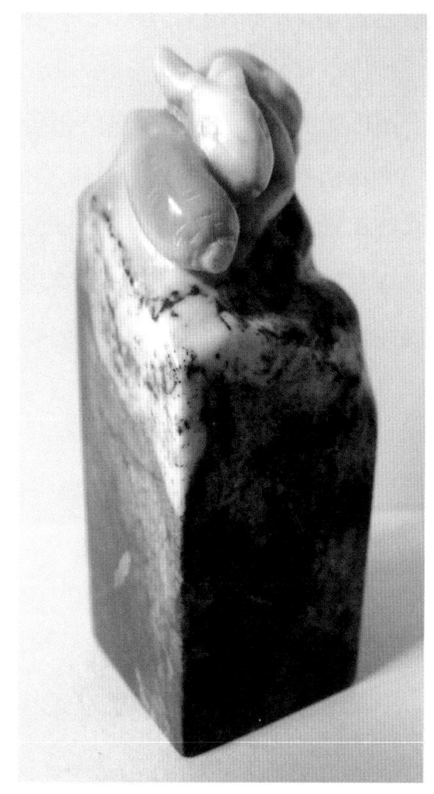

卧牛

高 6.5 厘米，长 2.5 厘米，宽 2.1 厘米

一块不大的巴林冻下脚料，锯成方形章料，下半部是青褐色的章身，占了整个章料的三分之二，上面三分之一是一块斜坡形的青灰色。两种颜色之间界线分明，是雕印钮的好料。

依据这块青灰色的形状，我设计了一头牛斜卧在土坡旁边，扭着身子回首朝上望着天空，一副悠闲自得的样子。

对于牛，人们再熟悉不过了，中国在几千年前就开始饲养它们，用它们耕地、拉车。直到今天仍离不了它。作为艺术创作题材也是很早就出现，在原始社会新石器时代的岩画中就有牛的形象，以后的青铜器、汉画像石、陶俑、绘画、雕塑之中都有牛的形象出现在作品中。

牛不但在人间，同时也上了天、入了地。《西游记》中太上老君的坐骑是青牛，《封神演义》中的武成王骑的是“神牛”，大禹治水也到处铸“镇水神牛”，连阴曹地府阎王爷身边都有“牛头”、“马面”。牛的形象真是无处不在，可以称之为“牛文化”了。用牛的形象雕刻印钮也很普遍，因为它是十二生肖中的“丑牛”。但用俏色来雕刻牛钮的还不多见。

老鼠偷油

高 6 厘米，长 4 厘米，宽 2 厘米

一盏油灯被掀翻，红色的火苗顺着灯芯草燃烧起来。惹事的就是一只偷油吃的黑色老鼠，如今它怕烧了自己正在拼命地向上爬着逃命。

这是刻在一块椭圆形白色寿山石上的画面。这块寿山石是一个福州的石友送给我的原石料。料形较扁，颜色为不太纯净的白色，料的下方前后两面都有几道不规则的红色，顶上有一块黑色砂石，面积不大也不深。

因为料形薄扁我只能把它磨成一块椭圆形章料，然后再把顶上那块黑色砂石周围去掉，让这块黑色砂石突出出来。

看着这条红色，怎么看怎么觉得像燃烧的火苗，这让我想起了齐白石老人的一幅画，画面上一只老鼠去偷吃油灯里的油而把灯芯草弄着了。可巧的是设计这块印章时间是 1984 年，那年正是农历的甲子年，是鼠年。这提醒了我，就用那块黑色砂石刻一只正在逃跑的老鼠，再把这条状红色的边上用浮雕的方法刻出一盏歪倒的油灯，那几条红色一刀没动自然就成了被烧着的灯芯草。一幅老鼠偷油的画面展现在这块白色寿山石印章之上。

生活中的老鼠非常招人讨厌，“贼眉鼠眼”、“鼠目寸光”、“老鼠过街，人人喊打”等都是人们对老鼠的态度和评价，但艺术作品中的老鼠形象

却很招人喜欢，十二生肖中它排第一——“子鼠”。除了用它雕刻印钮之外，像“猫捉老鼠”、“老鼠嫁女”等这些题材内容经常出现在民间剪纸、皮影之中。外来的“米老鼠”更是孩子们喜爱的艺术形象。

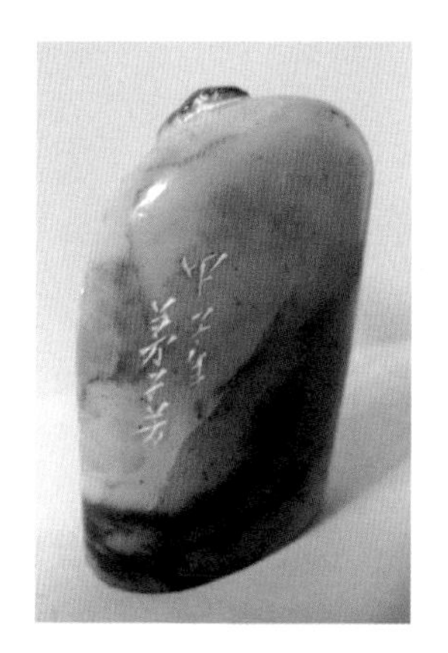
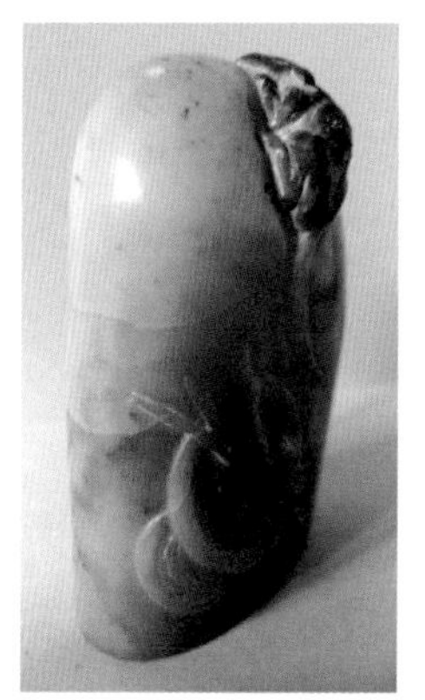

母子鹿

高 7.5 厘米，长 3 厘米，宽 2.7 厘米

一块灰白色和浅棕色各占一半的巴林石料头出了一块方形章料，灰白色料形完整做了章身。浅棕色部分顶部有一个斜面，适于雕刻印钮。根据料的形状和颜色，设计了一只正在向前走忽然一回头的母鹿，像听到后面有什么动静，它的身边有一只活泼可爱的小鹿要往妈妈看的方向跑去，似乎后面没有危险。

这块印章雕完之后，颜色分明，从整体构图来看很像一个园林雕塑的小稿。很美，整体感强，白色的章身正好是雕塑的石座。

鹿的体形线条是非常美的，各部的解剖关系、骨骼肌肉结构非常清楚。不论是画还是雕或塑都必须掌握这些才能做到形神兼备。

鹿作为艺术创作题材还不仅仅是因为它的体形美，更重要的是它有着深刻的文化内涵。传说它是南极仙翁寿星老的坐骑，因此它是“仙兽”。既然和老寿星一起它也必然长寿，人们把它和寿星身边的另一个坐骑仙鹤放在一起，称之为“鹤鹿同春”，寓意长寿。鹿在中国古代又叫“麟”，还是“仁兽”。另外鹿和“禄”是同音。古代官员的工资叫“俸禄”，意思是拿俸禄当官。因此鹿也列入中国吉祥图案的题材之内，如“百禄图”、“福禄寿”等。它的形象多出现在园林雕塑、各种材质的雕刻、国画等各种艺术形式之中，作为印钮却很少见到。

虎跃

高7.5厘米，长2.5厘米，宽3.3厘米

一块很好的红色巴林石下脚料，颜色鲜红，因为边上有一层浅黄，外面又有一层黑皮而被锯下来。按尺寸正好够出一块方形章料，但这层浅黄色和黑皮都只能在红色章身的一个侧面上。如何利用这很薄的黄、黑两色设计出适当的题材内容成了难题。

什么东西黄上有黑、黑上有黄呢？思绪在头脑中不断地翻腾着，忽然想起了老虎，老虎黄色的身上长满了黑色的花纹。题材定下来了，但这块章料的章身是立面长，横面窄，与横着长竖着矮四腿着地的老虎比例正好相反，设计什么动态的老虎又成了难题。头脑中各种形式、各种动态的老虎像过电影似地翻动起来，最后决定借鉴汉画像石中的老虎形象和表现方法。画像石是汉代墓葬中墓室墙壁上的装饰浮雕，是用平刻减地的方法雕刻后再施彩绘。画面上的人物、动物都用大胆夸张的手法表现，生动活泼、动感强烈。

这块章料上的黄、黑二色都很薄，正适合用汉画像石“平刻减地”的浮雕方法，因为是两层颜色，雕出来也有彩绘的效果。于是我设计了一只从上往下蹿跳捕食的老虎，身子垂直朝下，头和前肢向前拐，尾巴勾卷，动作极为夸张，动感很强。用黄色雕出虎身的轮廓，其余的黄色全都去掉露出红色的章身。黄色虎身上的那层黑色用来雕出虎纹和眼睛。

雕完之后，一只黄色黑斑纹、瞪着大眼蹿跳的老虎就像贴在红色的章身上一样。

虎的形象在印章上一直都是雕刻印钮，用于章身上的浮雕极为少见。它也是十二生肖之一的“寅虎”。

老虎也有打盹儿时

高 6 厘米，长 8 厘米，宽 8 厘米

一块满是深浅不均青灰色花纹的巴林石，如果没有上面残留的那一点黄褐色冻料也就只能锯成素章料了，就是因为这一点颜色被我相中了。就着它的大小、形状磨成了一块较矮扁的随形章料，那块黄褐色留在了上面。它薄厚不一，最厚的地方不到 2 厘米，薄的地方露出了青灰色料，随着青灰色料形起起伏伏。颜色之间界线清楚，其形状近似正三角形。

放在桌上反复端详，很长时间都定不下设计题材来。有一天开会时看到对面坐着一位同事两只胳膊肘架在桌子不住地点头打盹儿，我看着他很可笑。看着看着不知怎么联想到我那块章料上的颜色形状，下面宽可以做两只胳膊，上面窄可以做个头。又一想总不能做人打盹儿吧，那黄褐色和露出的青灰色纹正可以做一只正在打盹的老虎的正面，人们不是常说“老虎也有打盹儿的时候”吗，一块俏色印章的题材和具体设计方案全都出来了。虽然我没打盹儿，但领导的讲话我一点儿没听见，那年是 1998 年，农历戊寅年，正是虎年。

没过多久，一只蜷着两只前肢、低头打盹的黄褐老虎前脸，以浮雕的形式出现在这块青灰色印章的顶上，虎身上有的地方还有隐隐露出的斑纹。

老虎也有

我也是好猫

高7.5厘米，长1.8厘米，宽1.8厘米

一块灰黄色的印章顶端有一层白色，白色上面坐卧着一只黄猫，这只猫听到人们说“不管黑猫还是白猫，能逮住耗子就是好猫”这句话的时候，它扭身回头，瞪着双眼理直气壮地对人说：“我也是好猫！”因为此时它两只前爪下正摁着一只耗子。

这只巴林石章料上下颜色差不多，上面是黄中发白，下面的黄发灰，中间有一层界线不清的白色，是两种黄色中间过渡色。整个章料的颜色对比不鲜明，要利用这种料设计俏色印章就不太容易了。这块章料，经过了很长时间相看，觉得用它设计俏色印章关键是要让中间这层白色成为上下两种黄色明显的分界线，然后再考虑题材。根据这块斜坡形的材料正适合设计一只回着头坐卧的黄猫，这是经常上到我家窗罩里的一只黄猫提醒我的。当年为了刻好猫，我曾经养了好几只猫，其中也有一只身体细长的、短毛的黄猫，这次就是回忆着那只黄猫设计的。在章料上画好这只猫之后，我先齐着猫尾巴的底边白色料刻出一个斜面，让这块白色露出的面积尽量大一些，并且和黄色的猫尾巴拉开距离，使它成为上下两种黄色中间的一层白色分界线与隔离带，这样上下两种黄色就被明显分开，没有连带关系了。

猫进入艺术题材大多出现在国画之中，历史上很多著名画家，如明

宣宗朱瞻基、清代的沈铨、郎世宁，现代的齐白石、徐悲鸿、刘继卣、曹克家等都画过猫，其中曹克家是专门画猫的。另外苏州的双面绣中一个名牌品种就是猫。我在刻瓷作品中经常刻不同动态的猫。历史上用猫这个题材作为印钮雕刻的我还没有见过，我也只刻过少量的几件。

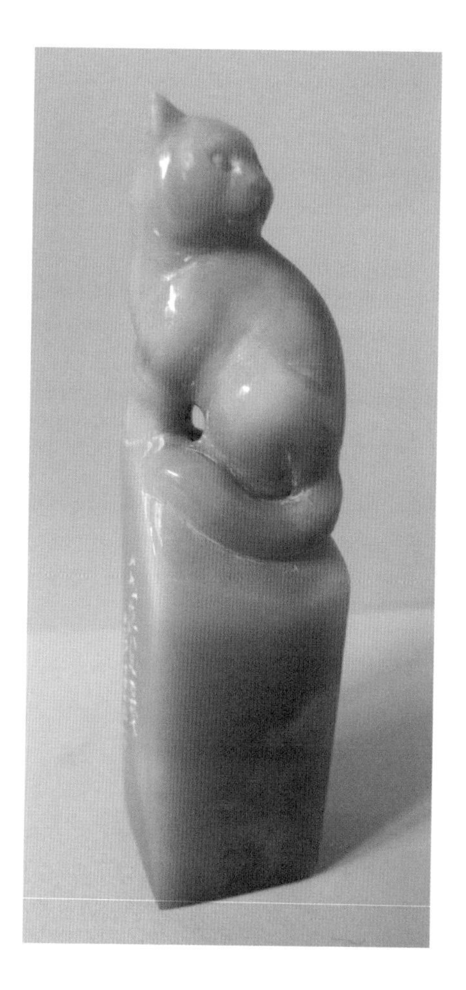

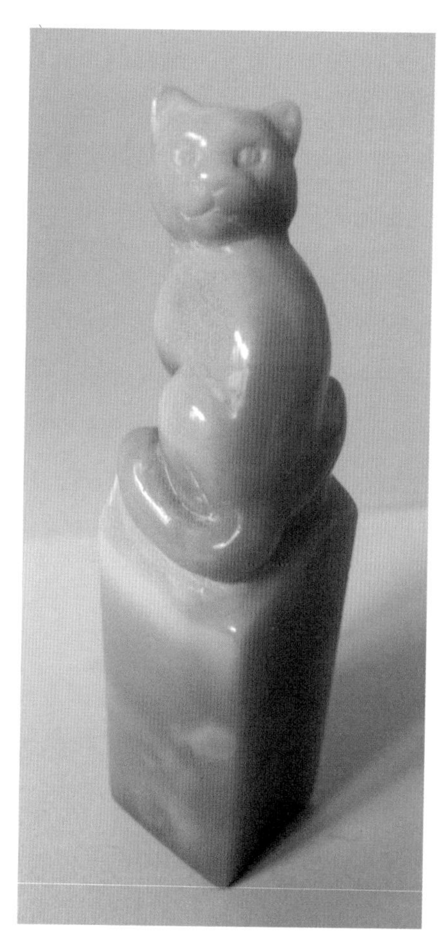

雪豹

高 7.5 厘米，长 2 厘米，宽 1.8 厘米

这块巴林石被人锯开后，让人大失所望，百分之八十都是白色中间带有斑纹的砂石。他们不要了，却让我捡了个“漏儿”。我把它锯出一块方形章料，上面和下面各带一块青灰色的“好肉”，可以篆刻印文，这样就保障了印章基本的实用性。

这块砂石在章身上占的面积太大了，一时真没想出合适的题材内容。我反复地相看这块砂石的形状和颜色，它让我想起了上学时在北京动物园中画的雪豹，灰白色的身上布满了暗纹，体形修长，线条悠美。于是在这块砂石上设计了一只坐卧的雪豹。砂石的下部颜色有些发黄，就用它设计了一只被这只雪豹捕获的野羊。雕完之后给人感觉这只雪豹就像镶嵌在这块青灰色的石章中间一样，一点也看不出来当初它曾经是一块被人丢弃的废料。

雪豹是一种大型猫科猛兽，生活在我国西南、西北海拔 3000 至 6000 米的高山峻岭之中，人们非常难见到它，现在人们也只能在动物园里和电视中看到它，因此在古代和现代的艺术作品中都没有见到过它的形象。这次我在印章上雕刻它也是因为这块石料的特殊原因吧，不然也绝不会想起用雪豹来作为创作题材的。

寿星

高 9 厘米，长 7 厘米，宽 4.6 厘米

这是一块被锯下的巴林石下脚料，近似三角锥形，是一块有红、粉红、褐、黑、黄、乳白等多种颜色混合在一起的花料，其中的黄、黑色是砂石，是块即有杂色又有杂质的石料。可取的是顶部的一层乳白色面积比较大而完整，并且在一个斜面，和其他颜色形成了鲜明的对比，抓住这个特点大作文章的地方就有了。

顺其自然把棱角磨去，让它成为一块上窄下宽的随形章料，那块乳白色留在正上面，下半部就是以红色调为主的花料，两颜色之间界线清楚，反差较大。

这块乳白色的形状越看越像一个人头，于是我用这块颜色设计了一个老寿星的头。上面是头脸五官，下面是飘逸的白胡须。头的两侧为粉色，依其形状一边设计成拐杖上的龙头，另一侧设计成一个仙桃。

寿星是中国老百姓最喜欢的一位神仙，他又叫南极仙翁、南极老人。他缘于古人对星宿的崇拜，但在众多的星宿中能流传至今、又备受百姓欢迎的只有寿星了。《尔雅 · 释天》中记载“寿星。角、亢也。”意思就是寿星就角、亢二宿，是天上二十八宿中，东方苍龙七宿中的头二宿。不过寿星如今越来越没有神味了，人味却越来越浓了。在中国百姓的眼中，寿星就是一个身材不高，弓着腰，一手拄着龙头拐杖，一手托着仙

桃，笑逐颜开，慈眉善目，长须飘逸，额前一个大“奔儿头”的慈祥老人。他以各种艺术形式进入寻常百姓之家，也不要求人们必须给他烧香、叩头和上供。

在《白蛇传》中他帮助去昆仑山盗取仙草的白素贞，因而救活许仙。《西游记》中猪八戒叫他“肉头老儿”，并把僧帽扣在他的头上和他开玩笑，他也不急不恼。总之他是一位最没神仙架子、平易近人，最能和群众打成一片的神仙。人们把他和“福星”、“禄星”合在一起称之为“三星”，福、禄、寿“三星高照”象征吉祥、富贵、长寿。

在雕刻这块印章时，我只把头部五官和胡须、拐杖头与仙桃刻出，胡须与身体交界的地方是通过颜色差异分开的，未经雕琢。身子更没动刀，顺其自然形。一尊身穿花红大袍、白头白须、带着粉色的拐杖和仙桃的老寿星展现在眼前。它既是一块俏色随形印章，也可以当作一件小摆件摆在案头观赏。

石窟风韵

高6.5厘米，长2.5厘米，宽2.5厘米

又遇到一块花料，乳白色中夹杂着黄、褐、白等颜色，在白色与黄色之间隐隐地露出一条红线。凭着多年的用料经验，我觉得很可能是一层夹在白黄之间薄薄的红色。我用刻刀在另一面探刻，果然也露出了红线，证实了我的判断，的确是一层红。我把它锯成一块方形章料，把这层白和红留在了章身上半部的侧面上。

这么花的料从哪里入手设计呢？看着这依次排列的白色、红色、黄色，头脑中的想法也在不断地变幻着。最后是这黄色把我的思路领进了大沙漠之中，由大沙漠又让我联想到沙漠中的敦煌莫高窟中的佛像、菩萨像以及壁画。于是我先在最外面这层白色上设计了一尊唐代风格的菩萨像，右臂向上弯曲抬手，左臂下垂，身躯向右微扭，头脸向左微侧。这是一尊佛像右侧的胁侍菩萨，也就是古代石窟造像中站立在佛像两侧的菩萨像。

画好之后，用刀把这尊菩萨轮廓线之外的白色全部刻掉，露出下面那层薄薄的红色。然后再在这层红色上画出佛光，画好之后再把佛光以外的红色刻掉，露出黄色的章身。

这块章刻好之后经过抛光，章身上部的黄色衬托出红色的佛光，一尊白色的菩萨扭身站立在佛光的中间，脚下是顺着白色石纹雕出的祥云。

各种颜色非常鲜明十分俏丽。章身的另一侧几块轮廓不清的褐色和混在一起的其他颜色，就像经历岁月沧桑颜色剥落、模糊不清的壁画一样，不用动刀加工了。望着这方俏色印章，又给我拉回了历次在各大石窟中瞻仰佛国世界的回忆之中，因此就给这块俏色的印章定名“石窟风韵”。

历史上在章面上篆刻佛像、菩萨像的很多，在章身上刻佛教造像题材的还没见过。我这样作可能也算是“大不敬”了，好在没有开光，只能算是印章上的装饰吧。

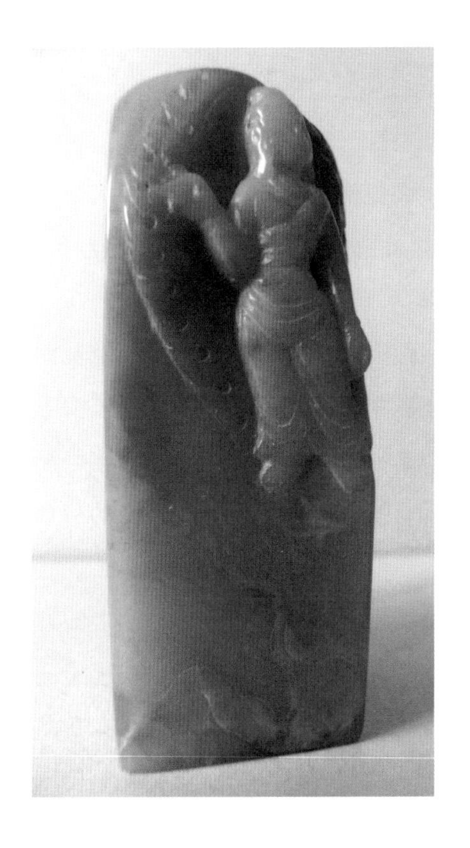

面壁

高 9 厘米，长 2.8 厘米，宽 2.3 厘米

在对有杂色、杂质的印章石料加工的过程中，有一个值得注意的事情，特别是用砂纸磨制的时候更要留心，就是石料中花纹、颜色的变化。由于颜色、花纹的走向、深度、磨面的角度不同，往往能够磨出你意想不到的图像来。磨不到位则图像出不来，磨过了图像又变了或者磨没了。所以当磨出似乎像什么图像时就要十分注意千万别磨过了。

这块巴林石方形印章料，锯出后下面是黑、白、灰相间的花料；中部出现了几条走向不一的黑线，线中间是乳白色；顶端是斜坡形的淡红色：颜色非常杂乱。

当我用粗砂纸磨平的时候，发现从两个面的棱上看，隐约一个背面端坐、身穿长袍的人形。我马上改用细砂纸轻磨，人形慢慢变成了清晰的一个背坐的人像，有头，还露出一点胡须，有后背、有胳膊，连胳膊肘都很清楚。衣服、花纹等和坐着的石头都非常像在生宣纸上画的写意人物画。

为了让人物形象更加突出，我在臀部与石座间刻了一刀，顶上的红色部分左右各刻一刀使其成了一个红色的光环。于是，一尊浑然天成的“达摩面壁”出现在章上。

达摩（？ –528 或 536 年）又叫菩提达摩，南天竺人，他是我国佛教

禅宗的创始人，印度禅宗第28代传人。遵照禅宗27祖般若多罗的指示，于我国南朝梁武帝普通七年（526年）九月二十一日东渡印度洋来到广州，后去金陵见到梁武帝，面谈不契遂渡长江北上。于北魏孝昌三年（527年）到达嵩山少林寺，在石洞中面壁十年（一说九年）。后遇慧可，授《楞伽经》四卷。慧可受达摩心法，中国禅宗得以流传，俗话说“面壁功深”即源出于此。

在这块印章之上能磨出达摩祖师面壁像，可以说是我的缘分。因为我经常读《金刚经》和《六祖坛经》，这是天赐给我的绝品。

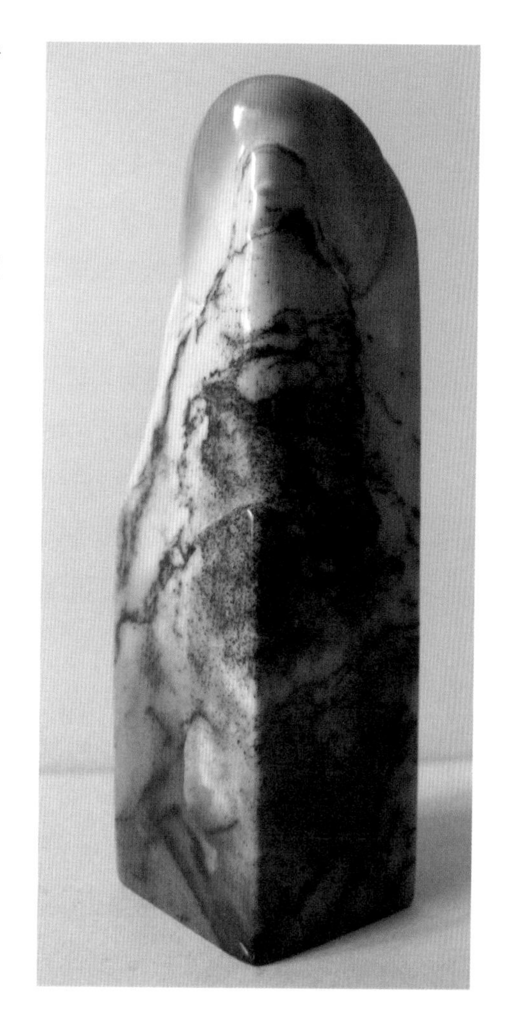

温泉水滑洗凝脂

高6厘米，长3.2厘米，宽1.8厘米

一块寿山石料头上有三种白色，用它磨成一块椭圆形章料，下面是一层半透明的冻料，含着不透明的白色斑纹和斑点。中间一层是不透明的白石。上一层是纯白的冻料。三种颜色各占三分之一，界线清楚但起伏不规则。

根据多年的设计经验，设计俏色印章时遇到料上面的各种颜色比例均衡时是很不好办的，因此这块料放很长时间也没想好题材。

直到一次出差在外才想起设计什么，那是去西安办展览时顺便游览临潼骊山脚下华清宫，在贵妃池时我默默地背诵着白居易的《长恨歌》，当背到“春寒赐浴华清池，温泉水滑洗凝脂”时，我停住了，想起了家里那块寿山石章，太适合设计“贵妃出浴”了。

这各占三分之一颜色的料，下层的颜色多么像冒着气的温泉水，不用动一刀，天然形成。中层不透明的白色上刻上几刀就成了水蒸气。上面那块油润得如同和田籽玉般的白色冻料，正适合设计那位皮肤白皙如同凝脂的杨玉环。

刻完之后经过抛光，三种颜色更加分明，热腾腾冒着蒸气的温泉水中露出杨贵妃白皙的上半身美丽的体型。

唐玄宗与杨贵妃的故事在我国广泛流传，以各种形式出现在艺术作品之中。特别是白居易的《长恨歌》在唐代更是广泛流传，连小孩子都能理解、背诵。唐宣宗李忱在他的《吊乐天》一诗中写道“童子解吟长恨曲”，可见杨贵妃的故事多么家喻户晓了。

在印章上刻杨贵妃的故事历史上还没见过，特别是用表现人体的形式更是没有，我这也是第一件，就算一种新的尝试吧。

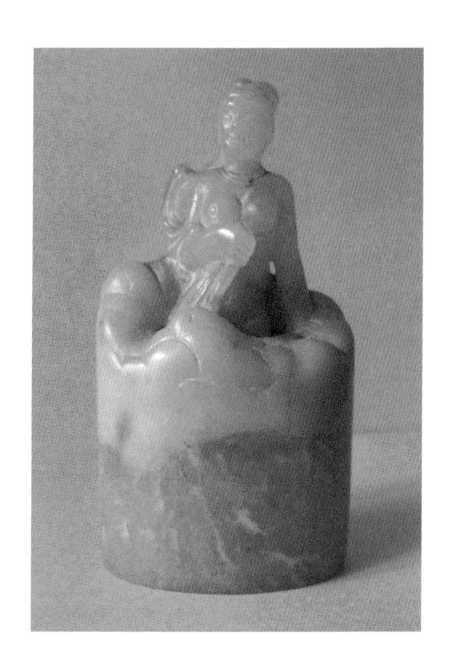

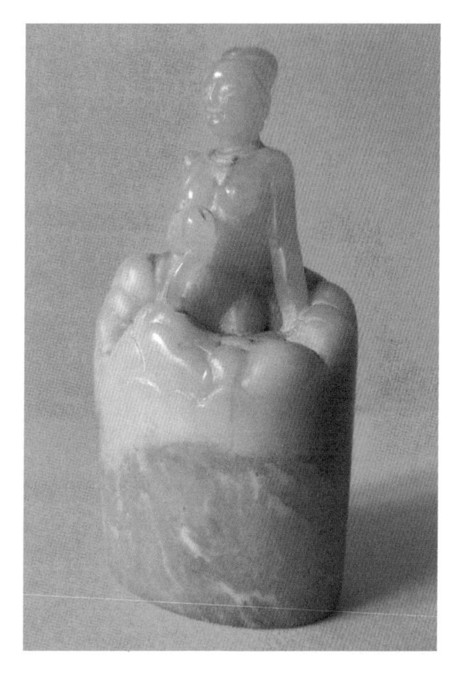

龙

高 12 厘米，长 5.8 厘米，宽 5.8 厘米

这块巴林石方形章料有两个面是灰白色，另两个面是灰中含粉色，四个面颜色深浅不均并且有断断续续不清楚的黑线。顶部是一层斜坡形的紫黑色。在那灰白色的两个面形成的棱上，有一条斜向下方的绺（裂璺），绺中含有和顶部一样的紫黑色，在两个面上形成了一个紫黑色的“人”字形。

这块印章的题材就是从这个人字形的绺引发出来的。这个人字形的上头与顶面的紫黑色相连很像一个龙头，人字的一撇一捺自然就是天然形成的两条龙须了。有了龙头，别处的紫黑色必然就得顺其形设计龙身、龙爪等部位。

这条龙雕刻时没少费工，从头到身子一直到龙爪到尾巴和全身的鳞都得一刀一刀地刻出来，只有两条龙须一刀没动借绺自然形成。在两条龙须之间是章身的一个棱，上面的料色发白，两边各刻两刀形成从龙嘴中喷出的一股水。龙的身下与章身相接的地方随形简单地刻几朵云。一条盘在云端向下喷水的龙就出现在印章的顶部，颜色对比十分鲜明，气势很大。

龙是中华民族的象征，它伴随着中华民族几千年的文明史。从内蒙古翁牛特旗三星他拉红山文化遗址出土的、距今 6000 多年、号称“中华第一龙”的玉龙开始，到河南濮阳西水坡仰韶文化墓葬中出土的、距今 4500 多年的、用蚌壳堆码的龙，再到汉瓦当、画像石上的青龙，隋唐石

雕上的龙，一直到清代九龙壁和皇帝龙袍，龙贯穿着整个中国历史。

对于龙的起源、发展、演变过程以及龙的文化内涵等诸多方面的问题，各方面的专家、学者都从多方面、多个角度进行了深入、细致的研究并有高深的论述。

龙的形象是人们心中多种动物理想的组合，自然之中并没有此种动物的存在。因此它从一开始就以各种艺术形式出现，历朝历代都在不同材质上用不同的风格塑造它的形象。

明清两代，龙为皇帝专用，一般人是不能用龙来作为装饰题材的。因此，除了皇帝的玉玺可以用龙钮之外，其他人是不能用的。如今龙又回到百姓之中，因此使用龙做印钮的人也多了起来，特别是属龙的人。

火龙

高13.2厘米，长4.4厘米，宽4.4厘米

这是一块黄褐色中间又含一些零散的红、黄、灰等杂色的巴林石冻料。一端有一层非常好的半透明红色，然而这层红中夹着一层黑中有黄褐色的砂皮。锯成一块方形章料之后把那有红色的一端留在了章身的顶部，那层黑黄砂皮留在了章身的一个面上。这块砂皮蜿蜒曲折顺着章顶向下延伸又与那块红色相接。章身其他三个面上除了杂色之外还有几条不规则的绺（裂璺），但都很浅。对于这块料的设计关键是如何利用好这层砂皮和红色，设计什么题材内容一时没有定下来，只好再相看一段时间。

电视机里正在播放电视连续剧《天下粮仓》，演到管粮官员因贪污官粮害怕被查出，派人夜间放火烧仓毁灭证据，为了逃脱责任而向上级汇报着火原因是“火龙烧仓”，看到这里我忽然想到这块章料的颜色正好能设计一条正在喷火的“火龙”。于是，在那条蜿蜒的黑黄相间的颜色上顺其形画了一条翻腾的龙，尾巴在章顶上，身子扭动着向斜下方，头又翻转向上方，昂首喷吐出一股红色烈焰，顶部其他几块红色也都刻成火苗。章身上的杂色自然形成了一片火海浓烟，顺着那几条绺刻了几刀，变成烟或火，绺被遮住看不见了。

刻好之后给人感觉整块印章都在烈焰腾腾之中。那条火龙不断地上

下翻腾四处喷火，动感十分强烈，各种颜色非常鲜明，特别是那股火焰，和红玛瑙的颜色一样艳丽。

龙在中国民间传说中是个无所不能的神物。它能入水，又能在陆地之上，更能腾云驾雾上天，既能兴云布雨又能吐火，既能给人带来幸福又能带来灾难。所以老百姓对它的态度是既利用它又害怕它，给它烧香上供，急了还得惩罚它，高兴了还要耍它。给它上供是为了让它给个风调雨顺的丰收年景，怕它是因为它能闹旱灾又能发大水。大旱之年求它下雨，它如果不答应就把它从庙里“请”到太阳底下曝晒，让它也尝尝干旱的滋味。再不解气人们还会编故事杀它，比如《西游记》中的魏征做梦上天监斩泾河龙王；哪吒闹海抽龙筋等。逢年过节人们高兴时还要耍它——耍龙灯。它虽然是神，本领大，享过大福，但也没少受罪，其中把它刻成印钮，让人用手攥着使劲按也算其中一项吧。

夔

高 8.5 厘米，长 1.5 厘米，宽 1.5 厘米

一块很漂亮的红色巴林冻料，就因为上面一层薄厚不均的黑色之中夹着黄褐杂色而被锯下。我量了一下，它将够出一块 1.5 厘米见方、高 8.5 厘米的方形章料。锯好之后把这层杂色作为章身的正面，以便设计合适的题材内容。

这块杂色的形状蜿蜒曲折，本打算设计一条龙，但除了龙身子、龙头之外仅有能出一条腿的料。只得改变设计方案，改成设计夔，因为夔只有一条腿。

夔，很多人对它都不如像对龙那样熟悉。其实它也和龙一样，是古代传说的一种神奇怪异的动物。它像龙但没有角，只有一条腿，尾巴向上卷。它的威力也很大，和龙一样也能兴风作雨。有关夔的情况，很多古代文献中都有记载。《说文》中解释说："夔，神魅也，如龙一足。"意思是：夔是一种神异的动物，如同龙一样，但只有一条腿。《山海经·大荒东经》上载："东海中有流波山，入海七千里。其中有兽，状如牛，苍身而无角，一足。出入水则必风雨，其光如日月，其声如雷，其名曰夔。"《庄子·秋水》中说"夔谓蚿曰：'吾以一足跉踔而行予无如矣'"意思是夔对蚿（一种多足虫）说："我用一条腿跳着走。"总之，这些古书中都说夔像一条腿的龙。它的形象只在商代和周初的青铜器纹饰中经常出现，

它的样子是张口瞪眼，有耳无角，身长，一条腿，尾巴上卷似龙非龙的动物。

这块印章刻好抛光后，质地、颜色和玛瑙相似。作为印章装饰这种题材可能也是第一件。

凤鸣朝阳（丹凤朝阳）

高 11 厘米，长 4.3 厘米，宽 4.3 厘米

这块巴林石料我都说不好它是什么颜色了，只能说它的主色调为褐色，但中间又有红、黄、黑、灰、白等颜色，混杂在一起。锯成一块方形章料后，顶部为斜坡形，可取的是在这斜坡最高处的一侧上有一层界线分明的粉白色。粉白色的顶端又有一块绿豆粒大小的红点。这块粉色与章身其他部分料色形成了鲜明的对比。要把它设计成一块俏色印章，就得利用好这块粉白色。

经过反复思考后，顺着这块粉白色的形状设计了一只站立的凤凰。它回头昂首向上望，凤尾自然下垂，立于一块灰色山石一旁，顶端那一小块红色正好成了凤冠，非常俏丽。其他的各种杂色全部留在了章身的各面上，没刻一刀，目的是留给人更多的想象空间……

“凤鸣朝阳”比喻有才能的人遇到能施展抱负的机会，是百姓喜闻乐见的题材内容。说起凤凰，中国人几乎没有不知道的，但谁也没见过真的，它的形象都是根据文献记载和传说、经过历代艺术加工创作出来的。

“凤”这个字在甲骨文、金文、小篆中都有。很多古代文献中都有关于凤凰的记载，《诗经 · 卷阿》中就有“凤凰于飞，翙翙其羽”、“凤凰鸣矣，于彼高冈，梧桐生矣，于彼朝阳”的描写。《说文解字》中对凤字的解释是：“凤，神鸟也。天老曰，凤之象也，鸿前麟后，蛇颈鱼尾，鹳颡

鸳腮，龙纹虎背，燕颔鸡喙，五色备举。出东方君子国，翱翔四海之外，过昆仑，饮砥柱，濯弱水，莫宿风穴。见则天下大安宁。”《尔雅 · 释鸟》中解释凤凰：“鶠，凤，其雌皇（凰）。”郭璞注释：“鸡头，蛇颈，燕颔，龟背，鱼尾，五彩色，高六尺许。”《大戴礼记 · 易本命》中说：“羽虫之精曰凤”，就是说凤凰是“鸟中之王”。

凤凰和龙一样都是人们理想中的动物，它是综合了各种动物中最美的地方组合而成。从甲骨文到青铜纹饰，之后的帛画，唐代金银器、玉器、石雕、瓷器、牙雕、织绣等艺术品都有凤凰的形象，但在印章中用凤凰作为装饰的却没见过。

凤凰来翔

高 9.5 厘米，长 4.5 厘米，宽 4.5 厘米

这块巴林石料与《丹凤朝阳》那块印章的石料出自同一矿坑，章身以褐色为主，中间含黄、白、灰、黑、红等混杂在一起的颜色，斜坡形的顶部有一层薄厚不一很漂亮的粉红色，与褐色章身之间又夹着一层薄薄的白色。各种颜色间界线清楚。

这块粉红色占满了章顶的斜坡面，顺其形设计了一只展开双翅飞翔的凤凰，抬头甩尾，动态飘逸。身下是托着它的朵朵白云，加上章身上的各种颜色，这只粉红色的凤凰自由自在地翱翔在五色祥云之中。

这个题材内容出自于《史记 · 五帝本纪》。凤凰原本就是人们想象中的神鸟，但人们对它的崇拜还是超出了它的形象实体，上升到意识形态领域。在它身上不但集中了各种鸟类和其他动物身上最美的部分，而且每个部位都赋予了相应的优秀品德。西汉韩婴的《韩诗外传》中记载，黄帝曾问“天老”凤凰是什么样子，天老告诉黄帝说，凤凰的形象是“鸿前麟后，蛇颈鱼尾，龙文龟身，燕颔鸡喙。首戴德，颈戴义，背负仁，心入信，翼采礼，足履正，尾系武……”并且告诉黄帝，如果你有了凤凰这些德，凤凰就会飞来了。《史记 · 五帝本纪》中记载：“四海之内感戴帝舜之功……凤凰来翔，天下明德自帝始。”意思是说天下的百姓都感谢爱戴舜的功绩……凤凰都到这里飞翔。好的社会道德风气从舜在位时

开始。古代用“凤德”二字来比喻有圣德之人，北宋经学家邢昺说孔子是“知孔子有圣德故比孔子于凤”。屈原在他的《涉江》中用凤凰比喻贤臣。

看着这方印章上翱翔的凤凰，我盼望着终有一天全世界的上空飞的不再是轰炸机和导弹，而是凤凰，让人们过着“见则天下大安宁”的日子。

凤凰台上凤凰游

高 11.6 厘米，长 5 厘米，宽 5 厘米

褐色的巴林石方形章料上顶有一层斜坡形青白色，下面又夹着一层黄白色的砂石。章身中间有一条很美的红色。

在这块青白色上设计了一只从上往下飞翔的凤凰，下面的黄白色砂石设计了一层云彩。这只凤凰的飞姿显得轻盈飘逸，显出一副在“游”的样子。

之所以设计这个题材内容，源于不久前我到南京游览凤凰山时，想起的李白的一首七律诗《登金陵凤凰台》：“凤凰台上凤凰游，凤去台空江自流……”凤凰台在南京城西南的花露岗一带。相传南朝刘宋元嘉年间有三只异鸟集于山上，人们传说是凤凰。于是在这里筑凤凰台，山也因此叫凤凰山。凤凰台是什么样子？飞来的异鸟是否是凤凰？现在已无从知晓，倒是李白这首诗却流传千古。传说李白在黄鹤楼中见到诗人崔颢题写的《黄鹤楼》后，感到这首诗太精彩了。自己再写也不会超过他，只能搁笔叹道“眼前有景道不得，崔颢题诗在上头”。但他一直不甘心，总想写一首与崔颢的诗比美。这个机会终于到来，在他游览凤凰山时，他用崔颢的诗韵写下了这首《登金陵凤凰台》，在艺术水平上二人的诗真是难分高低。这块俏色印章就是受李白这首诗的启发设计的。在构图上与《凤凰来翔》那块印章有相似的地方，但两只凤凰的“表情”是不一样的，反映出作者的“寄情”也不同，也是根据材料和创作背景而决定的。

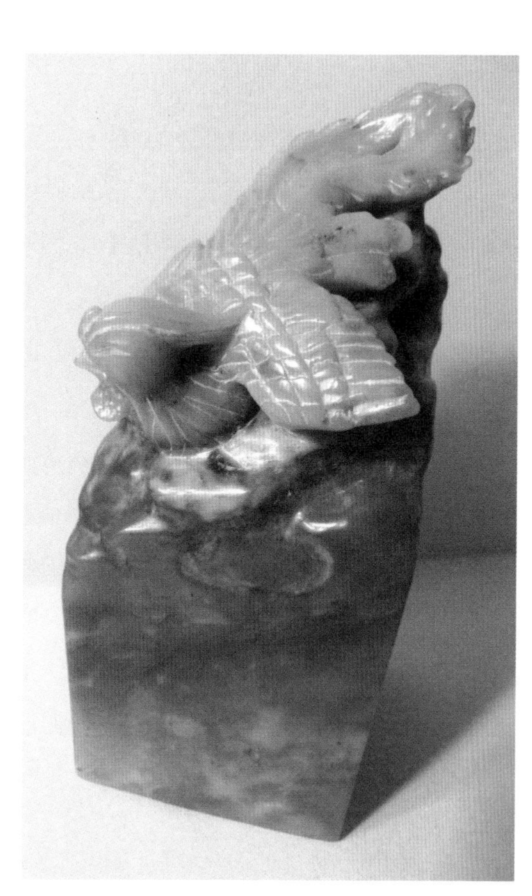

雏凤凌空

高 9.2 厘米，长 3.5 厘米，宽 3.5 厘米

这块青褐色的巴林石料中含几条零散的红线，一层灰白色呈斜坡形，这是块料边。锯成一块方形章料后，这层灰白色留在了章身的顶部。章身从上到下颜色逐渐变浅。

我利用这块灰白色设计了一只刚刚飞起的雏凤。它扬头眼望蓝天，显得既高兴又有些胆怯的样子，但它终于还是飞上了天空，云彩成了它的身下之物。

雏凤又叫凤雏，指的是幼小的凤凰。东晋王嘉的《拾遗记》记载“周成王四年，旃涂国献凤雏”，凤雏指的是英俊有才华的少年。“雏凤凌空”是民间吉祥用语，比喻刚刚出道报效国家有才华的青少年。

用同样的题材，表现不同的内容，表达不同的寄情，这在艺术创作中是常有的事。这块俏色印章还是用凤凰作为创作题材，但和其他以凤凰为题材的印章相比还是有它独到之处。

犼

高 8.5 厘米，长 2.5 厘米，宽 2.5 厘米

这是一块非常漂亮的巴林石章料，通高 8.5 厘米，2.5 厘米见方，下部三分之二是红色，上三分之一是黄色。红色之中又有变化，下面大半部是红色，往上有两条起起伏伏的深红色线，两线之间是浅红色，一看就知道是火山熔岩形成的。

上下颜色对比鲜明，比例合适，是雕刻俏色印钮最理想的材料。根据这块黄色的料形我设计了一只蹲坐回头的犼。

犼，又叫望天犼、朝天犼，是中国古代传说中一种怪异的动物。雕刻行业把它列入“怪兽”范围之内。人们很难看清楚它的长相，原因是它很少在地面上，总是在离地面数丈高的华表顶端。华表是古代大型建筑、陵墓前的装饰石柱。人们最熟悉的天安门内外各有一对华表。每个华表上顶都蹲坐着一只似龙似兽的动物，头望远处，张口瞪目，它就是犼。

它在干什么呢？原来它在招呼皇帝。天安门内侧的那对叫“望君出”，它叫皇帝不要总在深宫之中，要出去走走体察民情。外边那对叫“望君归”，招呼皇帝不要总在外面游山玩水，赶快回来处理朝政。

有关犼的来历说法不一。宋代丁度《集韵》中说：“犼，兽名，似犬，食人。”明人陈继儒《偃曝谈余》介绍说犼为章峨山的异兽，形状像兔子，两耳尖长，身长一尺左右，它的尿能让血肉腐烂，所以狮子老虎

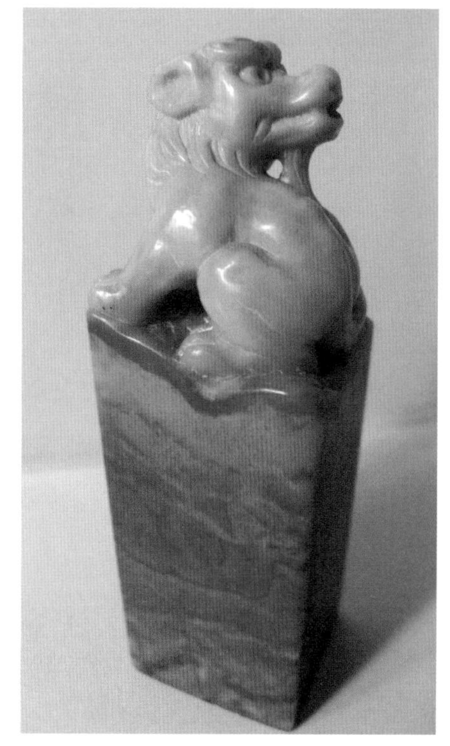

都怕它。清代东轩主人《述异记》中说 :“东海有兽名犼，能食龙脑。腾空上下，鸷猛异常。每与龙斗口中喷火数丈，龙辄不胜。康熙二十五年夏间，平阳县有犼从海中逐龙至空中，斗三日夜。人见三龙二蛟合斗一犼，杀一龙二蛟，犼亦随毙，俱坠山谷。其中一物长一二丈，形类马，有鳞鬣。死后鳞鬣中犹焰火光丈余，即犼也。”

总之，说法不一，都是人们编造出来的。犼在其他艺术作品中还很少见到过，作为印钮雕刻也更少见，还是拿它当作一种“怪兽”吧。

五彩云霞

五彩云霞：高 7.3 厘米，长 3.9 厘米，宽 3.9 厘米
五彩祥云：高 7.5 厘米，长 4.5 厘米，宽 4.5 厘米

一块非常花的巴林石方形章料，红、黄、黑、白、褐等颜色混在一块。顶上又有一层粉红和粉白色，与下面的颜色界线较为分明。

面对这么花的一块料选择什么题材内容一时成了难题，因此，我把它放在桌上很长时间，等待创作灵感的到来。

有一天，电视机里播放歌唱家邓玉华演唱革命史诗片《东方红》中的歌曲，“五彩云霞空中飘，天上飞来金丝鸟……”，她那甜美的旋律与诗一般的歌词令我陶醉，唤起我的美好联想。节目播完了，但我的心中还在回味着那美好动听的歌声，眼前总是天空中那五颜六色的云霞。

当我的目光再次落到这块章料上的一瞬间，那云霞与料融合在一起，发现它再不是一块“不好办”的花料，而是天空飘着的“五彩云霞”。于是，根据这块章上的那层粉红、粉白色的形状，我设计出云朵和流云。再依据它的厚度不同采用透雕、镂空的方法将其刻出。

云朵形状按照民间传统的雕云方式与国画中画云的方法相结合，增加了它的流动感。章身上的其他颜色自然与上面的云朵融为一体，整个印章就像满天的云霞，因此用歌词中的“五彩云霞”来为它定名。

刻完这块印章之后，余兴未尽，又把另外一块相似的章料也采用这个题材设计。

五彩云霞

五彩祥云

与前块印章不同的是，这块章料上层的粉色非常薄，章身四面的料更花，所以顶部只能用浮雕的方法刻出，章身上的各种颜色用线刻的方刻出，两块同样题材、用不同的表现方法的俏色印章相比，真是各有千秋，它们就像一双姊妹印章一样，就给后一块定名为“五彩祥云”。

野渡无人舟自横

高6.5厘米，长2.1厘米，宽2.1厘米

近处好像是用墨皴染出的山石岸坡，对面是黄色缓坡河岸。两岸之间河水泛起涟漪，一只小舟停靠在空无一人的渡口。远处是像用湿墨勾勒点染出的山峦，天空中红色的晚霞映满水中。雨后天晴，清新湿润……这一切不是用生宣纸画出的山水画，而是我创作的俏色印章。

这是由一块含砂石的杂色巴林石下脚料锯出的一方形章料。在磨平的过程中发现章身的一个面上有几条像用湿墨勾出的山形，线上似乎有像墨洇出的效果。背景上方是不透明的粉红色，下边是半透明的浅红。章体的中段右侧有一块斜坡形黄色砂石，左侧一面是一条从上到下呈45度的斜向黄白相间的砂石，边缘有一道浅黑色线，砂石中间也掺杂着一些灰黑色。

看着这块颜色杂乱无章的章料，一时又让我陷入苦思冥想之中，但怎么看怎么觉得它像一幅山水画，却又想不出具体内容。我想山水画总离不开诗，于是相料的同时，脑子里所记的诗词也随着料而翻动起来，一首又一首。忽然想起了唐代诗人韦应物的《滁州西涧》中的诗句“春潮带雨晚来急，野渡无人舟自横”，正适合这块章料的设计内容。

上面的那块粉红色的地方正好像雨后天晴落日余晖。那几条墨洇似的黑线显得湿润，正是雨后的山峦。两边的砂石正是河水之间的岸坡。

自然生成的景全都有了，只缺物了。于是，我在两岸之间的空白处用线刻的方法刻出了一些水纹，又在对岸边刻了一只停泊的小船。其他地方没刻一刀，一幅自然与人工相结合的彩墨山水画出现在印章之上。看着这块俏丽的印章，给人以雨后山中空气清新、宁静、心情舒适的感觉。这件作品别看刻时省工，时间都用在了构思设计之上了。于是就用这首诗的后一句定名。

上有黄鹂深树鸣

高 7.5 厘米，长 2.8 厘米，宽 2.8 厘米

不知是命运还是缘分，在刻完“野渡无人舟自横”这块印章之后不久，我又得到了“宝贝”——一块粉白色上布满了杂乱无章黑色的巴林石料。这块料有的地方像洒上了墨水，有的地方像用毛笔画出浓淡、粗细不一的笔道，可以用四个字形容它，叫作“乱七八糟”。

把这块料锯成一块方形章料，在磨平时，章身的一个面上居然磨出了像一棵斜向右上方的形象：树干像用淡墨画出，树干中间又有一杈向左上方，像用深墨画出。树枝中间的弯处落着一只背向回头的鸟，这只鸟的翅膀尖和尾巴都是黑色，头、嘴和身子的轮廓清楚。背景是较为干净的白色中带有淡淡的粉色。另外三面则是像用墨画出杂乱的山石与树丛，墨色有湿有干。整个景色让人感觉幽静。那树干、树枝用“笔”娴熟洒脱，用“墨”浓淡适宜，简直一幅天然生成的水墨写意画。

整个印章让我没处落笔、无处下刀，因此一刀未刻，这就是一块磨得“恰到好处”的奇石印章。妙就妙在这只鸟，太像一只黄鹂了。

这幅“画”正好是《滁州西涧》这首诗前两句的意境“独怜幽草涧边生，上有黄鹂深树鸣”。与“野渡无人舟自横”那块印章合在一起正好是韦应物《滁州西涧》这首七绝诗的意境。

这两块“中品”、“下品”，对料来说真可谓是命运好，同时也是缘分到。对于我来说是“天道酬勤”，是天赐给我的宝贝。

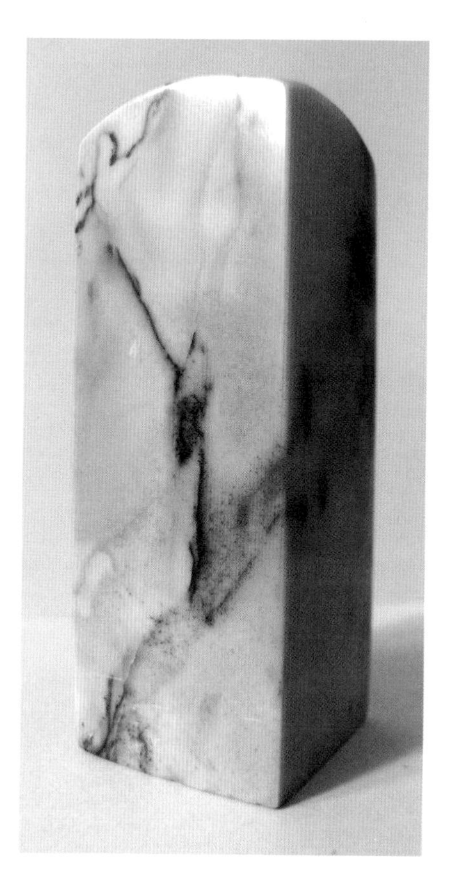

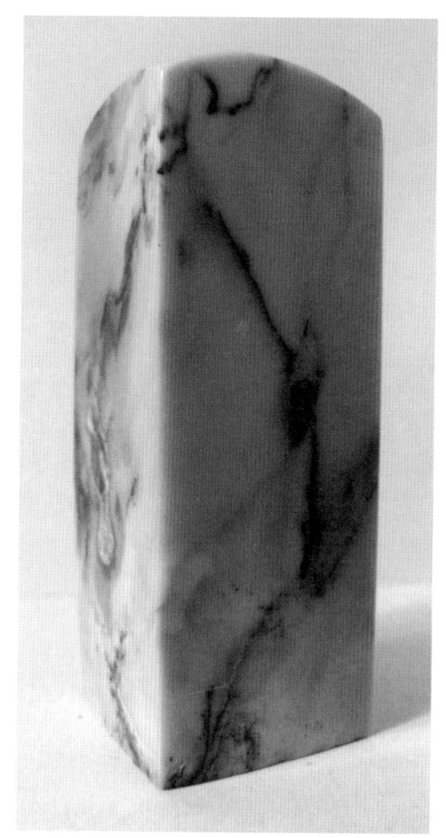

柳色新

高 9.2 厘米，长 2.2 厘米，宽 2.2 厘米

一块巴林石磨成的方形章料，章身上部为很干净的乳白色。中间部分是一层烟雾状，当中有几条树干形的黑色斜线。下面是黑中含紫的颜色，占了整个章身的一半。三个部分的颜色之间界线分明。

多日的相看总觉得中间烟雾状的颜色就像春天刚刚发芽的嫩柳一样，但终归比较抽象，让人费捉摸。怎样让人一眼就能看出，必须在关键的部位给它“点睛”。于是顺着中层和下层两种颜色的交界线上刻了一刀。就是这关键的一刀，使得下层里紫色变成了起伏的土坡而被拉近强调出来。中间那天然形成的柳树被推远了。一幅春光明媚、柳色如烟、自然天成的春景图栩栩如生地表现出来。

柳树，以它那婀娜多姿的形态经常出现在国画之中。它是北方最早发芽吐绿的树木，也是国画中最能表现季节的树木。在古诗词中写柳树的很多，除了它自身的美之外，还有一个原因则是它的文化内涵。如王维的《送元二使安西》“渭城朝雨浥轻尘，客舍青青柳色新。劝君更进一杯酒，西出阳关无故人”。白居易的《青门柳》“青青一树伤心色，曾入几人离恨中。为近都门多送别，长条折尽减春风”。王之涣的《送别》“杨柳东门树，青青夹御河。近来攀折苦，应为别离多”。罗隐的《柳》“灞岸晴来送别频，相偎相倚不胜春。自家飞絮犹无定，争把长条绊得人”等，如果留意一下，就可以看出都是出现在写送别亲友的诗中。

这是什么原因呢？原来，自汉代开始人们就有折柳送别亲友的习俗。后来还编成了曲牌《折杨柳》。李白的《春夜洛城闻笛》中就写道：“此夜曲中闻折柳，何人不起故园情。”

折柳送别的原因有几种说法，一说是柳树多种于道旁与河岸上，柳条低垂有依依恋人之感。其二是“柳”与“留”是谐音，希望能把亲友留住。三是柳条柔软，能把远行亲友的心拴住。唐代风俗送别亲友往东送到离长安二十里的灞桥，往西送到渭城（咸阳），然后折柳告别。每到春末灞桥附近柳絮如雪，这就是“关中八景”之一，“灞桥雪柳”。

这种习俗后来也传到北京，金代修了卢沟桥后，送人就送到这里，过了桥就算出了京城。因此，金人赵秉文的诗中写道“落日卢沟沟上柳，送人几度出京华”。

在印章上用柳树作为题材的不多，只在章体的浮雕上见过，用于山水内容。这块印章纯属因为颜色赶巧了。

西风残照，汉家陵阙

高 9 厘米，长 2.5 厘米，宽 2.5 厘米

二十多年以前的一个冬日，我在陕西咸阳原上，眺望着落日西风中高大的汉代帝陵，浮想联翩，不由得背诵起李白的《忆秦娥》这首词。

二十多年之后我遇到了这块章料，它太像当年看到的景色了。这是一块粉褐色巴林石方形章料，中部以下有起伏的浅棕色和一条斜向黄白色砂石。浅棕色之上有两条起伏断续的褐红色细石线。

看着这块章上所有的颜色，俨然一幅落日余辉中的景色。黄白色的砂石像傍晚的阳光，上面粉褐色如满天的霞光。那起伏断续的褐红色细石线正是远处起伏的山峦。那浅棕色又是什么呢？我拿起刻刀沿着它的边缘刻出了一座“汉家陵阙”，在逆光中的轮廓，另一面上随着颜色的形状刻出了一座大屋顶的影像。

刻完之后，阙楼被拉近，成了近景。那黄白色的“落日余辉”，在阙楼的远处下方。一幅“西风残照，汉家陵阙”的景色出现在这块方形印章之上。

章上的阙楼和屋顶是我根据章料上的颜色形状、并且参考汉画像石的阙楼和建筑的形状设计的。

李白写这首《忆秦娥》时，已经是汉朝帝陵残破的时代了，不过那时还残留着阙楼和陵上的一些建筑。如今，那里只剩下一些高高的覆斗形的大坟头和后人立的两块石碑供人凭吊了。

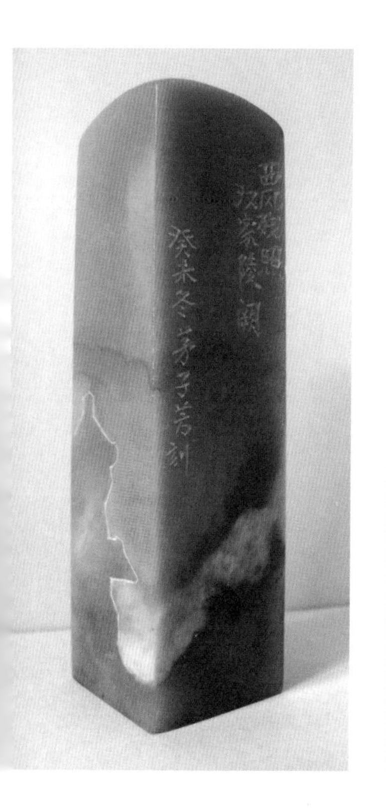
西风残照
汉家陵阙
癸未冬茅子若刻

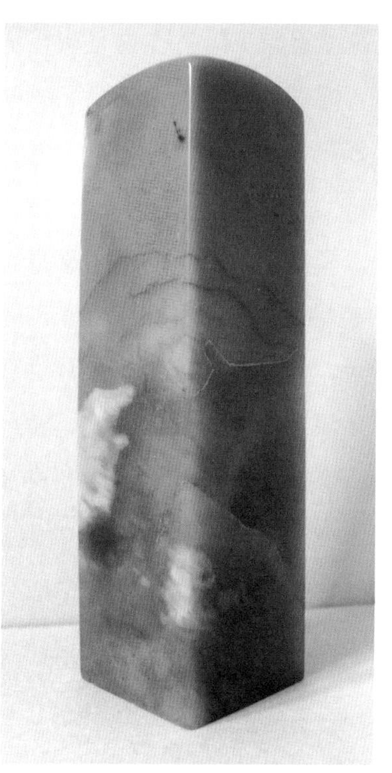

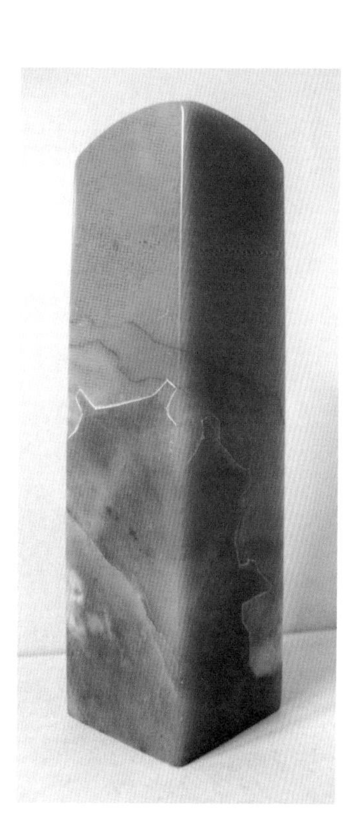

遥望玉门关

高9厘米，长2.7厘米，宽2.7厘米

“青海长云暗雪山，孤城遥望玉门关”，这是唐代诗人王昌龄《从军行》中的诗句。意思是来自青海湖畔上空的滚滚乌云遮暗了终年积雪的祁连山，从祁连山麓向西北遥望，隐隐可见大漠之中的一座孤城，那就是玉门关。

这块印章上的颜色，囊括了诗中描写的全部景色。诗的第一句写出了黑色的“乌云”和白色的“雪山”，第二句写的是远远地望见了孤城玉门关，没有直接写颜色，但是，却道出了大片的颜色。因为诗人写的是唐代的玉门关。据《后汉书·志二十三》载，玉门关属敦煌郡，汉武帝时设置。因为从于阗（今新疆和田）输入玉料必经此关因而得名。汉代的玉门关在敦煌西北80公里远的古丝绸之路的戈壁滩上，唐代又将玉门关移到敦煌以东现在的甘肃省安西县双塔堡附近。这里是一片大沙漠，它的东南不到一百公里就是祁连山，所以这句诗中虽然没写颜色，但大沙漠就是黄褐色。

这是一块既有砂石又有杂色的巴林石料，锯成一块方形章料之后，我把那层起伏不平的粗糙黑色砂石留在了章顶上，下层是黄褐色，接下来是一层起伏的白色，白的下面是一层土黄色，再下是一层较平的棕褐色，最下部是褐色。就在那棕褐色层伸到章料的一个棱角处有一块向上

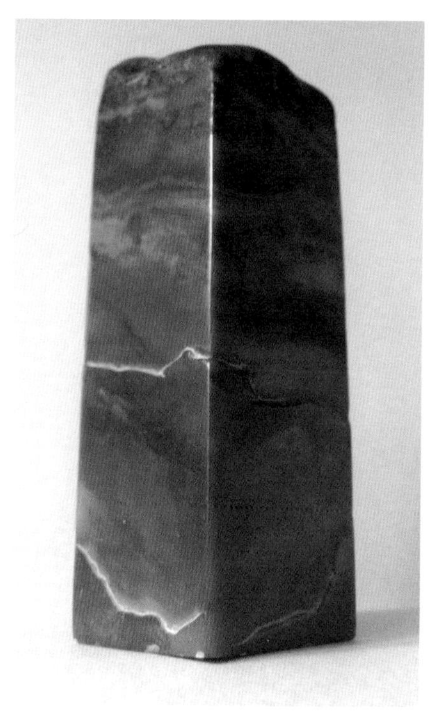

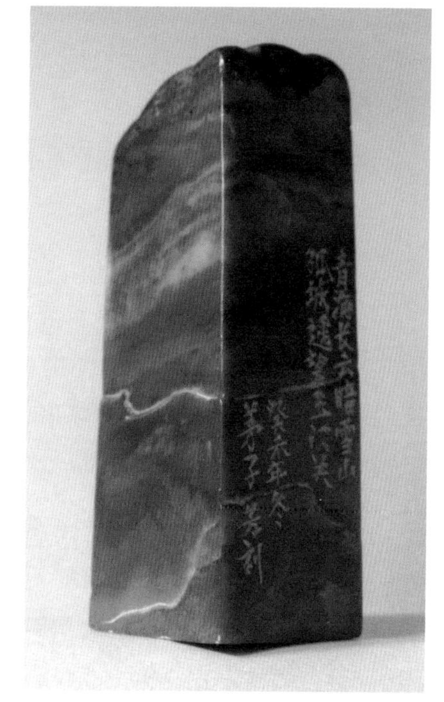

的突起形状，就是它提醒了我设计题材。

于是，我在这层粽褐色的上部与土黄色交界线上刻了一刀，在那突起的颜色上按其形刻出了玉门关的关城，关城两侧自然就是城墙了。章顶上的那层黑色砂石正是“青海长云”，它正好遮暗了下面那层起伏连绵的白色——终年积雪的祁连山。其他的土黄色自然就是茫茫的大沙漠了。棕褐色的城墙和关城只是简单地刻了一个影像轮廓，因为我也是从很远的地方“遥望”。

整个画面让人感到大漠之中的荒凉景象和天气阴晦的气氛，同时又给人感觉十分壮观，引人浮想联翩。

黄山奇秀

高 11.5 厘米，长 3.5 厘米，宽 3.5 厘米

大自然造就了美，就看谁有一双识宝的慧眼去发现它，有一双点石成金的手把它表现出来。当磨出这块巴林石方形章料后，石料上边是白色，中、下部是深浅不一，线、面俱全，杂乱的黑色，一时真想不出来设计题材。

有一天翻看以前的写生画稿，看到在黄山画的速写，那一张张画稿又让我回想起那壮丽、秀美、神奇、仙境般的黄山美景。看着看着忽然想起那块章料，再次把它拿在手中，从上面那乱七八糟的纹路里发现了松树、山石、峭壁、深谷、流水等等，样样俱全，一幅天然形成的山水画就隐含在这章身的四个面上，只需要给它点点“睛”就是一幅自然生成的“黄山奇秀”图。于是，我在那“峭壁”上用点刻的方法刻上了“大好河山”四个字，其他地方就无须再动一刀。

这是大凡到过黄山的人都能看到的第一处摩崖石刻，是过了揽胜桥，到逍遥溪边就可以看到的景色，这里是上下黄山的必经之路。

这块章上包含了黄山的奇松、怪石、峭壁、险峰、远山近山等。远、中、近三景俱全，真可谓是“天造化”这么美的黄山景在这块章上。

“五岳归来不看山，黄山归来不看岳”，这是明代地理学家、旅行家徐霞客对黄山的评价。黄山以它的风景秀丽闻名于世，因此它成为摄影

艺术家、山水画家一个重要的创作题材。但在印章上表现黄山的却没见过，我这也算是缘分吧。

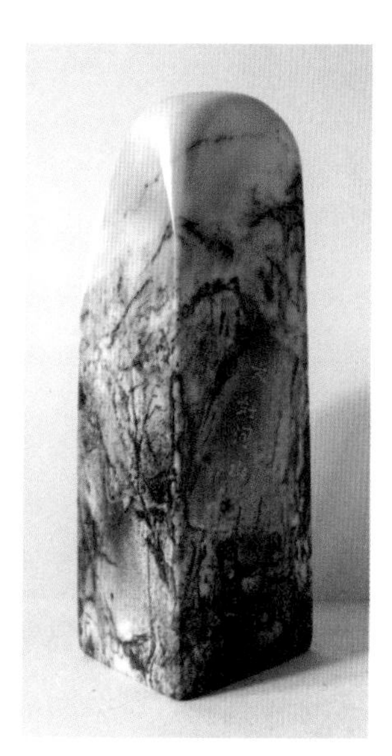

西上秦原见未央

高 5.7 厘米，长 2 厘米，宽 2 厘米

一个初夏的傍晚，我独自一个人在西安市郊的汉代长安城中遥望未央宫遗址。一座高高的大土台映照在夕阳之中。它让我想象到两千多年前这里繁华、壮观的景象。边看边背诵起唐代诗人刘沧的一首七律诗《望未央宫》：

西上秦原见未央，山岚川色晚苍苍。
云楼欲动入清渭，鸳瓦如飞出绿杨。
舞席歌尘空岁月，宫花春草满池塘。
香风吹落天人语，彩凤五云朝汉皇。

多年之后，我得到了这块很漂亮的巴林石章料，相看料上的杂色和杂质觉得它太像我想象当中和刘沧诗中描述的未央宫的景色了。淡橘红色的章上有一起伏的褐色，我沿着这起伏的褐色刻出了在夕阳逆光之中未央宫的轮廓。下面边际模糊的浅色使得这些建筑在云气昭昭之中。近处又有树的影像，那中间的黄白色砂石更增加了树的层次感和变化。更难得的“未央宫”上面那两条起伏的红色线，那不正是起伏的远山吗，一幅“山岚川色晚苍苍”的意境在这寸方之地的印章上表现出来。

未央宫是西汉初年修建的最大的宫殿，其遗址位于西安市西北 7.5

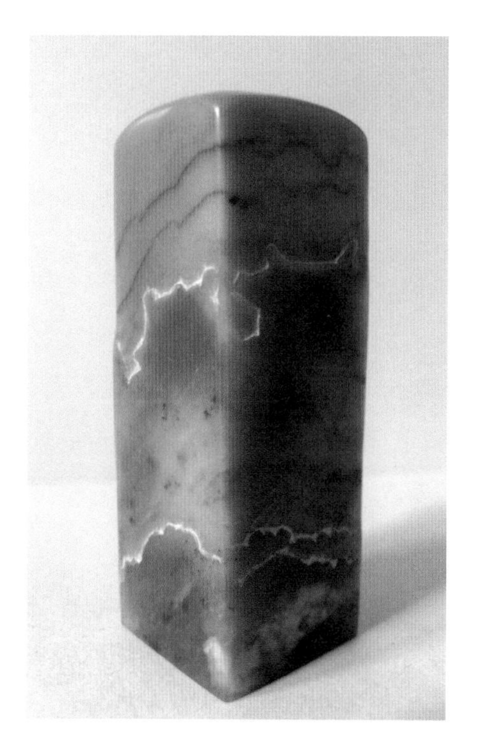

公里的汉长城遗址的西南部。《汉书》中记载，公元前 200 年，刘邦从前线回到长安，见未央宫修建得规模宏大、十分壮观，很生气地质问萧何："现在天下还很乱，胜败还难定，你修这么好的宫殿干什么？"萧何回答说："天子以四海为家，不修得壮丽，何以显得威严，并且要修建得后人不能超过它。"刘邦听了很高兴，也就不再说什么了。

刘沧写这首诗时是一千多年后的唐宣宗时代，在这以前的唐武宗会昌元年（841 年）未央宫曾经过一次大修。以后未央宫和汉长安城都毁于战火，如今只剩下一个高大的土台和残破的夯土城墙遗址留给后人凭吊了。我这块俏色印章就算一件"怀古"作品吧。

泰山日出

高7厘米，长3.3厘米，宽3.3厘米

在旧货市场的地摊上摆着一块巴林石方形印章料，由于砂性很大，这种料经过抛光后也不会太亮，因此摆了很长时间也无人问津，于是被我很便宜地买下了，因为我看上了它的颜色。

这块章料的颜色是层状分布，章顶上是黑中含褐红的颜色。中间是一层褐红，往下有一块黄白色，占了章身的近三个面。再往下是一块起伏明显的灰黑色，在这灰黑色上有一处斜向左上方的突起形状。整个章料上的颜色很像天空上的朝霞，上面的各种颜色就像是被霞光照射的层层云带一样。但这具体是哪里的日出景色呢，只要在那块斜向左上方突出的灰黑色上加工一下就能给出答案。

于是我便沿着那块黄白色与灰黑色交界的地方刻了一刀，把黄白色推远，让那块斜向左上方的灰黑色拉近，突出出画面。它就变成了泰山顶上的拱北石。全景就是泰山日出。

到过泰山顶上的人们都知道，在泰山极顶的日观峰下有一块巨石，它从平地斜向上方探出两丈多远，名叫“拱北石”，又叫“探海石”。每到凌晨，很多游人都来到此处眺望东海，观看美丽的日出奇景。

这块印章上的“拱北石”和“云霞”真乃是“天赐”，刻完之后它真像一幅彩色摄影作品。

红装素裹

高8.2厘米，长2.5厘米，宽2.5厘米

清晨的阳光，照在雪后的山上，青松挺立在山崖边上，起伏的远山隐现在雾气茫茫之中。这是我创作的一块巴林石俏色印章。

这块章料的顶端是淡淡的橘红色，往下的颜色逐渐变浅、变白。在两色之间有一些若隐若现的浅黑色石线，就像在生宣纸上用干笔淡墨、用侧锋勾出来的。白色中间有像用淡墨皴染出来山头。下面一直到章底是浓淡不一的黑色，好像用湿墨在生宣纸上洇染出来的。就在这层黑色上有一条向上的浅黑色线，线的顶部又拐向左下方，并且颜色变为深黑。

面对这块颜色变化极为丰富的章料，经过长时间的反复相看，别看它个小，总觉得它有些地方与挂在人民大会堂那幅傅抱石、关山月创作的《江山如此多娇》有相似的气韵。同时也让我想起年轻的时候曾在香山画《西山晴雪》时的情景与感受。因此决定用这块料上的颜色创作一件以雪后天晴为内容的作品。

于是我在料上的那条斜向左下方黑色上随其形画出一棵松树，树冠向左下方向拐去。在它的下面顺着颜色画出斜往右上方的树干。随着下面黑色的形状和颜色深浅的变化画出山崖的边缘和一些杂乱的草木等。用浅浮雕的方法将这棵松树和山崖的边缘刻出。但我并没有按照以前传统追求精雕细刻的方法去雕这棵树，而是吸收了国画山水写意的技法以求神韵。抛光时刀痕处一律保留，目的一是让轮廓更清楚，二是强调雪景的效果。这些处理方法是为了追求艺术效果，而不是为了显工。其他地方没刻一刀，都保留着自然形态。一幅名为“红装素裹”的山水画出现在这块印章的四个面上。

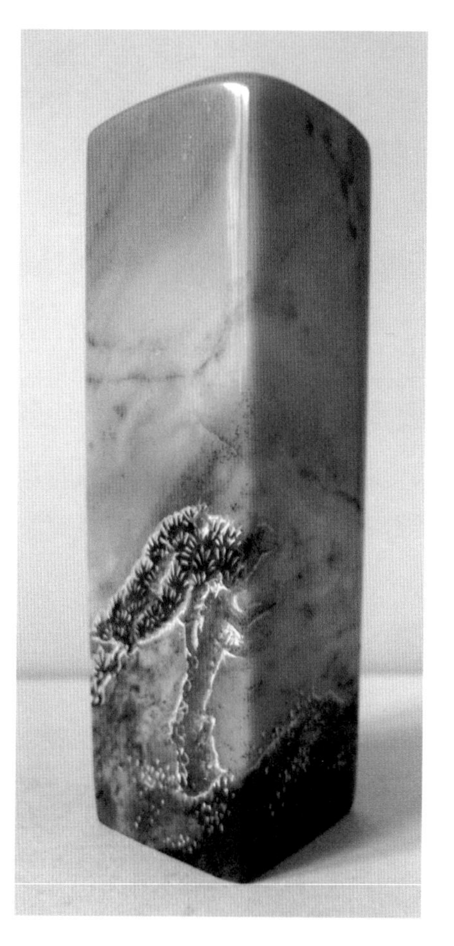

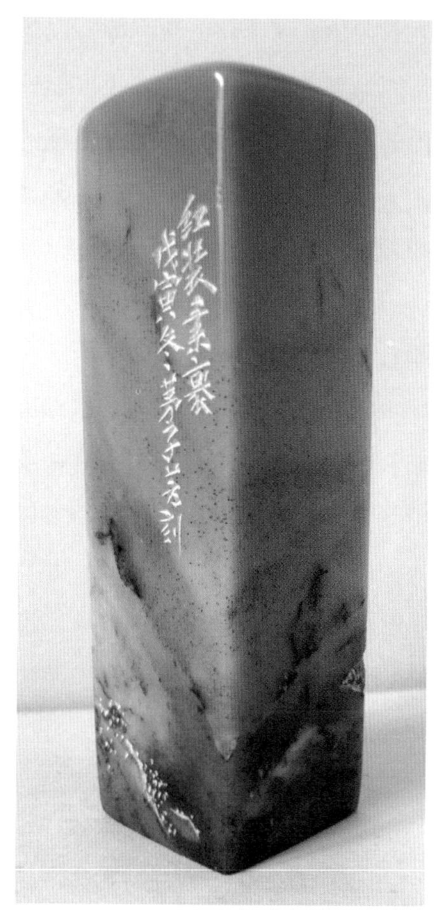

山雨欲来风满楼

高 10.2 厘米，长 4.5 厘米，宽 2.3 厘米

一块被锯下的巴林石料头，只能出一块扁方形章料。章顶为乳白色，下面为深浅不一的黑色。就在磨平的过程中发现磨出了“景”。在一个宽面的中间，出现了一个像城门楼的侧面形象。右下方好像一个斜坡上长满了杂乱的树丛。上面的颜色形状很像疾风中滚动着大块的乌云。章体的背面更像狂风骤起，乌云滚滚，树枝在风沙中抖动，一场风雨即将来临。这“景色”多么像唐代诗人许浑《咸阳城东楼》一诗中的诗句：“溪云初起日沉阁，山雨欲来风满楼。”

为了强调这诗中描写的景色层次感，我把右下的那块像斜坡和杂树的颜色用浮雕的方法刻了出来，使它成为画面中的近景。再用点刻的方法来表现树木的叶子，这是借鉴国画山水中点叶的方法。其他景物没动一刀就成了远景。

经过抛光，各处的颜色变化更加清晰，那些树的枝干和城楼的建筑结构，就像用墨笔在生宣纸上画出来的一样有笔有墨，墨色丰富。一幅暴风雨来临之前，狂风大作、沙尘弥漫、乌云滚滚的景色生动地表现出来，把“山雨欲来风满楼”这千古名句的气韵在这块印章之上表现得淋漓尽致。

溪雲初起日沉阁
山雨欲来风满楼
戊寅年

夕阳无限好

高11.5厘米，长4.3厘米，宽4.3厘米

章身的上面为淡橘红色，恰似夕阳西下，落日余辉。下面的黑色纹理，非常像用水墨在生宣纸上皴染出的山坡，很有层次感。远山隐隐约约呈现在逆光之中，给人以空旷开阔之感。

面对这印章上的颜色，让我回忆起二十多年前一个春末的傍晚，我在西安东南乐游原的情景。乐游原又叫乐游苑、芙蓉园、芙蓉苑、曲江池。因为这里风景优美，自汉代开始就成了人们的游览胜地。每年春季，上至皇帝、王公大臣，下到平民百姓都到这里游春踏青。特别是三月初三这天，皇帝要在这里大宴群臣，皇亲国戚、文武官员、文人雅士齐聚此地，欣赏歌舞，吟诗作赋。即使是平时也有很多文人来此抒发胸臆，因此留下了历代文人墨客许多美丽的诗篇。

我那次去乐游原就是被唐代大诗人李商隐晚年作的一首名诗《乐游原》吸引去的：

向晚意不适，驱车登古原。
夕阳无限好，只是近黄昏。

看着这块巴林石方形章料的颜色，觉得太像那天我看到的和诗中描

述的景色了，但我一直没有动笔设计。

直到我从艺三十六年、年近六旬的时候，人生中遇到一件让我万万没想到的不顺心的事情时，才拿起画笔设计，在这块章料上抒发我当时的心情。我在那“山坡”上画了一个文人倒背双手，望着远处的夕阳西下，满天云霞，这是诗人李商隐还是我自己？至今我也说不清楚。我又把李商隐这首诗的后两句改为“夕阳无限好，毕竟近黄昏”，连同我自己写的一首诗一并刻在刻章的另一面上。

月夜观瀑

高 12.5 厘米，长 3 厘米，宽 3 厘米

在这些有杂色的石料之中，大自然赋予了丰富的内涵，真是令人意想不到，同时也给艺术创作提供了各种各样的题材内容，有山水，有花鸟，有人物等。只要有人能发现，能把它表现出来，它就能成为独一无二的绝品。

这块带有杂色显得脏乱的巴林石方形章料，就是在磨平的过程中竟然发现磨出了一幅天然生成的山水画。这幅画涵盖了章身的四个面，画中怪石、奇松、山崖、异树、泉水、瀑布、远山错落有致，更为可贵的是在章身的一个面上有一处峭壁，中间有一股瀑布飞流而下，离瀑布前不远的深色石台上，站立着一个身穿长袍宽袖的人在观瀑。最难得的是由于整个章体色调深暗，因而非常像月光之下的夜景山水，一切景物都显得那么含蓄、幽静，给人以更多的想象空间和仔细品味的余地。

我拿在手中反复相看，感觉磨到此地正是“恰到好处”之时，无须再动刀雕刻。于是只在一个颜色最深的面上题刻了“月夜观瀑”和落款。

天涯断肠人

高7厘米，长4.2厘米，宽2.5厘米

独自出差在外，几个月没有回家。落日西风之中，独自走在原野古道上，触景生情，引起思家之情。不禁边走边背诵起马致远的《天净沙·秋思》：

枯藤老树昏鸦，小桥流水人家，古道西风瘦马。夕阳西下，断肠人在天涯。

这是20世纪80年代初，我走在陕西省泾阳附近农村小路上时一段小插曲。

面对着这块随形章料上的颜色和纹理，又让我回忆起那天的情景。乡间小路的老树在西风中抖动着枝杈，群鸦归巢。过小桥看流水，远处几户人家冒起了炊烟。我虽然没骑着瘦马，步行中也有词中描述那种心情。

于是拿起笔在章的一个宽面上依颜色画出一个伏在一匹瘦马背上的“断肠人”，瘦马低头无力地一步步慢慢行走。路边的老树是石料上形成的黑色纹理，一片模糊的远树在淡淡的橘红色逆光之中。在印章的另一面上，顺着两边像用墨皴染出的岸坡之间刻出一座小桥，桥下刻出流水，岸上树丛中刻出几户人家的屋顶。层层远山的轮廓似有似无地在夕阳逆光之中。

这首小令中描写的意境和我当时的感受全部呈现在这块巴林石印章之中。

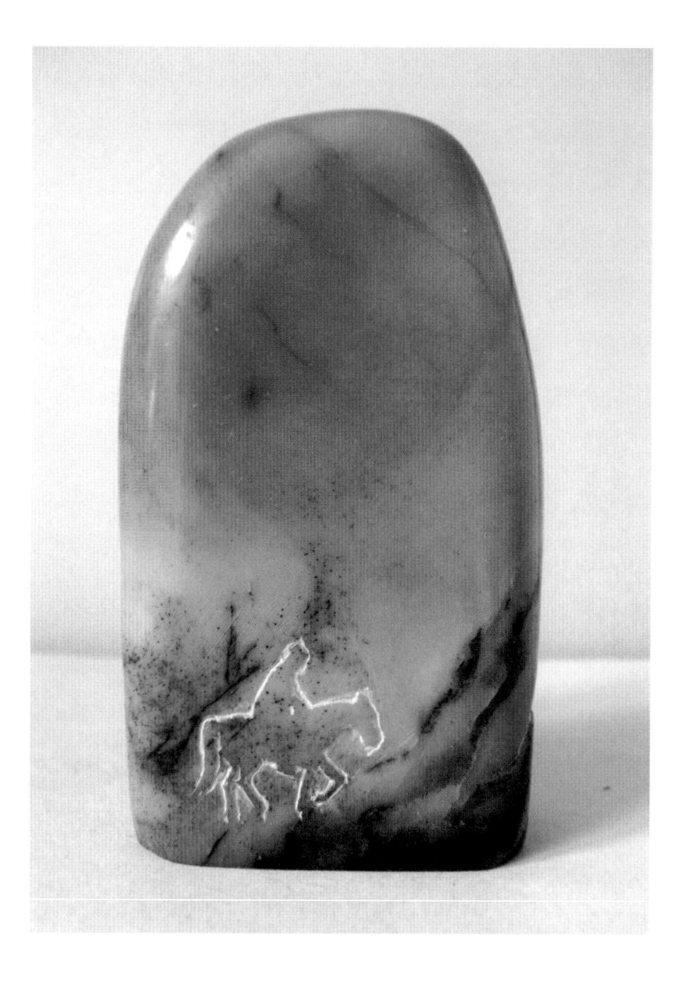

唐诗四首

有些石料上的颜色可以说是“杂乱无章”、“乱七八糟”，让你摸不着它的变化和走向的规律，看着就让人头晕。要想用这种料设计创作作品，更需要静下心来，耐心琢磨。多年的相料、用料经验告诉我，越是给你出“难题”大的料，往往更能出高雅的作品。它是在“相人”，在考验你的设计水平，检验你的综合素质。

按常规，对于这种料的使用，就是按一定规格锯成素章料或者雕个狮子一类的普通印钮，作为一般“行活”去卖。但是，对于我这个专门喜爱有杂色、杂质料的人来说，我绝对不会让它们“大材小用”。我就是要在这“乱”中拓展我的思路，发挥料的长处，利用它们自身的颜色设计出不可复制、独一无二的绝品。

这次遇到的这块巴林石料，上面有灰白、灰、青灰、褐、黑紫等多种颜色，各种颜色以线、面的形式相互交织在一起，乍一看真让人无从下手。

我把它锯成了四块方形章料，三块较高一块较矮。锯出之后一看，这四块章料的颜色，一块比一块乱。经过很长时间的相看、构思，一个又一个的设计方案被推翻，最终四件以唐诗为内容的俏色浮雕印章创作了出来。

终南望余雪

高 11.5 厘米，长 2.5 厘米，宽 2.5 厘米

终南阴岭秀，积雪浮云端。

林表明霁色，城中增暮寒。

这是诗人祖咏的一首五言绝句，意思是，终南山的北坡是多么秀丽，终年积雪的山头仿佛是天上飘浮的白云，初晴的阳光照在树林之上一片明亮，城中又增添了黄昏中的寒气。

这块章料的顶部为灰色，中间为白中带灰斑的地色，其中两个章面上各有一条斜向上方、较粗的灰中带黑纹的颜色，这两条颜色的顶部拐向斜向下方变为一大片黑色。章身的下部是灰黑色，各种颜之间的界线较为清楚。

我顺着中间的那片黑色依其形用浅浮雕的方法，雕刻了两棵挺拔茂盛的大柏树。透过大柏树的空间露出远处积雪的终南山，山是自然形成，没动一刀。又顺着章身下部的灰黑色轮廓刻成了近处的山石，构成了一幅近、中、远三景俱全，人工与天然结合的山水画，整个画面让人感觉到终南山景色的壮观。

终南山又叫南山，位于西安的南部，杜甫的《卖炭翁》中写的“伐薪烧炭南山中”指的就是终南山。古代又称太一山、地肺山、中南山、周南山等，是秦岭的主峰之一。自古就是游览胜地，很多文人雅士都曾在这里隐居，因此留下了大量的诗篇。

我也曾不止一次去那里游览，对祖咏写的这首诗中描写的景色也有相同的感受。因此相这块章料时，脑子里就浮现出在终南山看到的景色和祖咏的《终南望余雪》这首诗，所以就设计出这个题材内容，把它表现在这块章上。

江雪

高 11.5 厘米，长 2.5 厘米，宽 2.5 厘米

千山鸟飞绝，万径人踪灭。
孤舟蓑笠翁，独钓寒江雪。

柳宗元的这首诗，很多人从小就学会背诵，诗中描写的景物也很入画，这次我又把它表现在这块俏色印章之上。这块章料的颜色和纹理，给我的第一感觉就是“寒冷”、“寂静”。章顶的颜色像灰蒙蒙阴晦的天空，衬托着远处隐隐约约白色的雪山。中部的颜色非常像没有封冻的水面。寒冷的雾气在水面上浮动。远岸和重重山峰似隐似现地出现在雾中。近处岸坡起起伏伏，似乎有冰雪覆盖，小路断断续续。那景色静得有些沉闷。

面对章料上天然形成的如诗如画的景色，总想给它添加些带有生气的景物，以打破眼前这种过于寂静的场面和气氛。于是头脑中又翻动我所记住的诗词，打算在诗中找出合适的题材，终于柳宗元的《江雪》中的后两句成为我要在这块章上补充的题材内容。

我在近处江边上刻出了露出的船头，上面坐着一个身着蓑衣、头戴

斗笠、垂钓的渔翁，其他地方没有再动刀雕刻。有了船和人，就打破了原来过于寂静的氛围，添加了生气。

雕完之后这块印章上面呈现出一幅《寒江独钓图》的画面，完全与这首诗相配。严寒的冬天，千山万岭之中看不见一只鸟在飞。万径千路，不见一个人的行迹。在大雪覆盖的江边，一叶小舟之上，坐着一个头戴斗笠、身披蓑衣、手持钓竿垂钓的渔翁。

山居秋暝

高 11.5 厘米，长 2.5 厘米，宽 2.5 厘米

> 空山新雨后，天气晚来秋。明月松间照，清泉石上流。
> 竹喧归浣女，莲动下渔舟。随意春芳歇，王孙自可留。

这是唐代诗人王维（字摩诘）的一首五言律诗。正如苏东坡对他的评价："摩诘诗中有画。"诗中每一联都是一幅独立的画面，整首诗就是一幅长卷画，有山有水，有花有树，有景有人，有声有色，有隐有现，有动有静。

诗的意思是，一场新雨之后，山中格外空寂。秋天的夜晚来临，天气显得清新。明亮的月光，洒在松林间，山石上流淌着清澈的山泉水。隔着青竹听到的喧笑声，那是浣纱归来的村姑们。莲叶摇动，是有小渔船划过。任凭春光逝去花落尽，美丽的秋色依然能把人留。

在一块章料上想用俏色来表现出诗中描述的这么大场面、这么多的

明月松間照
清泉石上流

内容是不可能的。只能结合章料上的颜色和纹理，取诗中一部分内容来表现。这块章料的顶部是黑色，往下相对的两个面上各延伸出一条黑色，这两条黑色就像用毛笔干墨在生宣纸上画出的写意松树干。在两棵树干之间为月白色，有些地方带有像月色光影一样的白色斑点。章料的下部有几块像山石般的黑色，整个章身上的颜色构成了一幅天然生成的水墨画。松树有了，月光有了，山石有了，只缺山石上流着的泉水。所以我选择了诗中“明月松间照，清泉石上流”这两句作为设计题材。于是顺着两块山石之间的空白处刻上了“清泉石上流”的景色。加上自然形成的“明月松间照”，一幅优美的山中月色图出现在这块俏色印章之上。

寻隐者不遇

高 7 厘米，长 2.6 厘米，宽 2.6 厘米

松下问童子，言师采药去。

只在此山中，云深不知处。

贾岛的这首诗是人们非常熟悉的，也是国画中经常画的题材。从字面上看这首诗很简单，但是它却构成了一幅美丽的画面。松树之下，我问小孩：“你师傅到哪里去了？”答：“我师傅采药去了。”问：“他到哪里采药去了？”答：“就在这座山里。”问：“你能带我找他去吗？”小孩子为难地说：“这山那么大，云那么多，他具体在哪里我也不知道。”

这块章料上的颜色长得太巧了。章顶上是云雾一样的颜色，章身一

个面上有一条上下走向、又向两侧出杈的紫黑色，很像一棵挺拔的苍松。透过树间的颜色好像云雾缭绕中的树木和远山。下边是斜坡形的紫黑色，就像是通往山上的小路。最巧的是大松树的一根大杈下长了几个黄白色点，其中一个仿佛头束发冠的人像。

面对章料上各种颜色的形状，让我想起了贾岛的这首五言绝句诗。我顺着这条上下走向的紫黑色的轮廓，用浮雕的方法刻出了一棵挺拔茂密的大松树，两只长长的树杈伸向右斜下方。上面的松针是用写意的手法略刻数刀。树杈下的那几个黄白色点处刻出一个小孩，一只手指着远处的山上，斜着头看着身边一位身着长衣的老者。那位老者的头就是利用了那块自然生成头束发冠的黄白色点，未加雕琢。

诗情画意在这块俏色印章之中配合得如此巧妙，可以说再难遇到第二块了。

后 记

在朋友们的鼓励和支持下，这本小书终于写出来了。书中的作品好与坏、观点的对与错任君评说。这件件作品都寄托着我的真实感情，都是发自内心的创作，没有一点迎合“上帝”的动机。因为它是作品，而不是产品或商品。

在艺术创作上，我不愿做火车头。火车头跑得再快，也是在别人铺好的轨道上跑，一生总在重复别人走过的路。拉得再多，装的也都是别人的东西。我愿当推土机，我要在自铺的链轨上吃力地推出前人没有走过的新路，这就是创新。也许我没有火车头的名声大，嗓门高，那么威风、神气，也许我一辈子都没名，这一切都无所谓。

在印章雕刻领域，我不属于任何派系中的人物，更不是哪派的传承人，我不受任何派系的约束。我继承的是中华民族的文化艺术，不是哪个人的私人衣钵。在继承民族文化艺术的基础上去发扬光大，我的作品强调的是文化内涵。

这些作品中，没有一件是“获奖作品”。因为我从不参加任何评奖，也不参加什么“大奖大赛”，更不去“炒作”和“包装”。我的人生是一笔一刀刻出来的，我用作品来说话，观众和读者才是我最公正的评委。

我的创作原则是：不以大取胜，不以小显能，不以繁媚俗，不以料贵为荣，不借名人、高官的题词、合影压众，各种奖项一律不参评。以文化艺术品位为上表达真情，用作品赢得观众。

我重视学术理论的研究和探索，有理论，能实践，才能搞好艺术创作，才能提高作品的品位，这就是我和其他一些工匠的区别所在，我要力争做一个有文化的老工匠。

对于我一个年逾古稀、从艺半个多世纪的人来说，最重要的工作是把民族传统文化艺术传承下去，这也是写这本小书的初衷与目的。如果能通过这本小书给初学雕刻印章装饰的朋友一点启示和帮助，则老工匠实感欣慰。

此书在编写过程中得到了北京石刻艺术博物馆研究员王晓静女士、北京理工大学教授佟献英女士、北京市东城区第二图书馆研究员李俊玲女士的大力帮助，在此表示衷心的感谢。

此书能够出版，得到北京市级非遗项目保护单位北京玉器二厂的资金赞助，在此作者向北京玉器二厂表示衷心的感谢。

编写这本小书，对于我一个只有中专文化水平的老工匠来说，不是一件容易的事。由于文化水平低，对民族传统文化理解肤浅等多种原因，书中难免有各种错误和不到之处，还望方家、读者予以批评指正。

作 者

2014 年 1 月于眠虫窟